Julia Steiner

# Der Rennrad-Flow

© Julia Steiner

Die bedeutendsten Rennrad-Erfahrungen inspirierend als Rad(t)geber zusammengefasst

Julia Steiner

# Der Rennrad-Flow

## Warum Rennradfahrer die erfolgreicheren Manager sind

UVK Verlagsgesellschaft mbH • Konstanz
mit UVK/Lucius • München

**Die Autorin**: Den Speed für ihre Vertriebs-Karriere nahm die Diplom-Kauffrau **Julia Steiner** direkt nach ihrem internationalen BWL-Studium auf. Schon früh verknüpfte die ambitionierte Läuferin den Leistungssport mit ihrem beruflichen Alltag und blickt auf eine mehr als zehnjährige Vertriebskarriere in internationalen Konsumgüterkonzernen zurück. Die diplomierte Trainerin und Dozentin für Sales Management überträgt diesen Flow heute auf die Wissensvermittlung und verantwortet als Director Global Training den Aufbau von internationalen Trainingsakademien, um den Kompetenzaufbau für den strategischen, operativen und kulturellen Unternehmenswandel über alle Vertriebsmitarbeiter voranzutreiben. Einen mitreißenden Spirit verleiht die Buchautorin ihren Trainings durch ihre intensiven Rennraderfahrungen, die sie im engen Austausch mit Führungskräften und Rennradenthusiasten nachvollziehbar mit den wichtigsten Business-Insights verknüpft.

Bibliografische Information der Deutschen Bibliothek
Die Deutsche Bibliothek verzeichnet diese Publikation in der Deutschen Nationalbibliografie; detaillierte bibliografische Daten sind im Internet über <http://dnb.ddb.de> abrufbar.

ISBN 978-3-86764-786-1 (Print)
ISBN 978-3-7398-0271-8 (EPUB)
ISBN 978-3-7398-0272-5 (EPDF)



Einbandgestaltung: Susanne Fuellhaas, Konstanz
Einbandmotiv: iStockphoto, mediaphotos
printed in Germay

UVK Verlagsgesellschaft mbH
Schützenstr. 24 • 78462 Konstanz
Tel. 07531-9053-0 • Fax 07531-9053-98
www.uvk.de

## Prolog

Gerne würde ich Sie von Anfang an mit meiner Rennradleidenschaft fesseln, die schon seit Kindheitstagen in mir verankert ist. Es tut mir leid. Ich muss Sie enttäuschen. Ich war über Jahrzehnte immer ein begeisterter Läufertyp. Das Rennradfahren habe ich nur aus einem Grund für mich entdeckt: Der jugendliche Leichtathletik-Leistungssport machte mir einen finalen Strich durch die Rechnung. Auf den Kreuzbandriss folgten Meniskusanrisse, die meine freizeitliche Laufkarriere für immer beenden sollten. Für jeden unter uns, der die sportliche Aktivität als integralen Bestandteil seines Lebens sieht, löst diese Nachricht augenblicklich hektische Flecken aus. „Gehen Sie doch schwimmen oder fahren Sie Fahrrad" empfahl mir mein Orthopäde. Ich entschied mich für das Fahrradfahren. Gesagt, getan. Schon ein paar Tage später hatte ich mir ein Carbon-Rennrad mit trendiger Profi-Vollausrüstung zugelegt. Wenn, dann auch richtig, bestätigte ich mir. Meinen ersten Ritt genoss ich bei minus zwei Grad Kälte im Januar. Der Wind blies mir wie tausend Nadelstiche ins Gesicht und das Ausklicken der Cleats an der Ampel meisterte ich so „bravourös", dass es mich direkt zu Fall brachte. Trotz dieser anfänglichen Hürden fesselte mich das Rennradfahren sofort. Das „Ganz-bei-mir-selbst-Gefühl" im stillen Zweikampf hatte ich noch nie zuvor so intensiv erlebt.

Je häufiger ich mich schwierigen Situationen stellte, desto öfter stieg ich aufs Rad. Je mehr Rennradfahrer ich kennenlernte, desto bewusster wurde mir, dass dieser Sport alle Berufstätigen vom Praktikanten bis zum Vorstand vereint. Der stets selbsterzeugte Speed, mit dem man sich seinen eigenen Grenzen nahebringt, aber auch das blinde Vertrauen, wenn man im Rudel fährt und sich vollkommen auf ein neues Team verlässt, machen das Rennradfahren so einmalig. Jeder fährt seinen persönlichen Ritt. Oben am Berg wird aufeinander gewartet. Und dann wieder gestärkt mit freiem Kopf in neue Herausforderungen gestartet.

Warum sollten sich diese intensiven Rennrad-Erlebnisse nur auf die Feierabend-, Wochenend-, oder Urlaubsausfahrten beschränken? Können wir nicht eine Vielzahl der Erfahrungen, die wir auf dem Rennrad erleben, eins zu eins auf Business-Situationen übertragen? Und würden wir nicht konsistentere Entscheidungen für uns und unsere Unternehmen treffen, wenn wir in jeder Business-Situation das gleiche „Ganz-bei-uns-selbst-Gefühl" wie auf dem Rennrad hätten? Auf Ihrer Route, sich diese Fragen zu beantworten, soll mein Rad(t)geber „Der Rennrad-Flow" Wegweiser, Hilfestellung und Inspiration sein.

Mein persönlicher Wegbegleiter Dr. med. Jörg-Peter Schröder inspirierte mich, meine Rennraderlebnisse in diesem Buch festzuhalten und für das Business nutzbar zu machen. In den folgenden Kapiteln konzentriere ich mich auf die bedeutendsten Rennradsituationen, die ich facettenreich aus meiner Erlebnisperspektive beschreibe. Jedes Kapitel basiert auf dem langjährigen

Erfahrungsaustausch mit internationalen Führungskräften und Rennradenthusiasten, die mich in der Übertragung der wichtigsten Handlungsempfehlungen auf das Business-Leben tatkräftig unterstützt haben. Stellvertretend beschreiben ausgewählte Rennradliebhaber die wertvollsten Learnings aus Guide-, Manager- und Business-Trainer-Perspektive und lassen ihren ganz persönlichen Rennrad-Flow einfließen. Das Nachwort bzw. der Epilog von Herrn Dr. Schröder rundet abschließend die Standortbestimmung zu Ihrem ganz persönlichen Frequenzwechsel ab.

Lassen Sie sich inspirieren, sich häufiger gedanklich aufs Rad zu setzen und den Speed für Ihr eigenes Leben in die Hand zu nehmen.

Ich wünsche Ihnen ein intensives Lese-Gefühl!

Ihre Julia Steiner

# Inhalt

## 1 Kontrolle abgeben. Loslassen

Ich liebe es bergauf zu fahren. Wenn ich am Berg fahre, bin ich voll und ganz bei mir selbst. Ich kann den Rhythmus selbst bestimmen, wann ich aus dem Sattel gehe, in welcher Neigung ich in die Kurve fahre, mich völlig auf meinen eigenen Atem konzentrieren und mich meinem selbst erzeugten Speed hingeben. Dann bin ich bei mir selbst. Angstfrei. Ich brauche kein Technik-Seminar, weil ich intuitiv die richtigen Abläufe wähle. Weil es mir Spaß macht. Weil ich im Flow bin.

Ich habe den Grundsatz im Kopf eingespeichert, dass ich jeden Berg erklimmen kann. Das Dumme ist nur, dass man jeden Berg, den man hochfährt auch wieder runterfahren muss. Dann kehrt sich schlagartig das so positive Gefühl des Hochfahrens ins komplette Gegenteil um. Wenn ich den Berg runterfahre, dann habe ich Angst. Die ganze Abfahrt besteht nur noch aus Kurven mit so einer extremen Steigung, dass ich mich frage, wie ich diese überhaupt hochgekommen bin. Hinter der Kurve lauern unzählige Gefahren, die ich vorher nicht einsehen kann. Ich weiß auch nicht, wie die Beschaffenheit der Straße in der Kurve ist. Ist es rutschig vom Regen des letzten Tages? Hat es in der Nacht gefroren und liegt vielleicht eine Eisschicht auf der Straße? Gefühlt brettere ich mit 70km/h den Berg runter. Habe ich da noch Kontrolle über mein Rennrad mit den so dünnen Reifen? Ich habe Angst vor Geröll auf der Straße, das mich, wenn ich die Steine im ungünstigen Winkel erwische, garantiert zu Fall bringt. Im Nacken höre ich die Autoschlange, die langsam hinter mir her rollt und nicht überholen kann. Die Autofahrer, die immer wieder das Gaspedal aufheulen lassen, um mir indirekt zu signalisieren, dass ich schneller fahren soll. Ich klammere mich an meinen Lenker. Die Vorder- und Hinterbremse fest gedrückt. Vor lauter Anspannung zittert meine Hand schon. Mein Rücken tut weh. Und schon wieder zieht ein scheinbar völlig angstbefreiter Rennradfahrer im Mega-Speed an mir vorbei und lehnt sich sogar noch auf den Lenker, um noch schneller zu sein. Ich schaue in die Kurve und sehe einen Bus, der sich langsam die Serpentine hochwindet. Natürlich auf meiner Fahrbahn. Wie um Himmels Willen soll ich an dem vorbeikommen, wenn wir genau in der Kurve aufeinandertreffen? Ein Motorradfahrer saust an mir vorbei und schneidet mich so sehr, dass mein Rennrad vom Fahrtwind ins Schwanken gerät. Ich fühle mich wie ein Reaktionsautomat, der der Situation völlig ausgeliefert ist und nur noch irgendwie das Tal erreichen will.

Völlig fertig komme ich nach 20 Minuten Abfahrt unten am Berg an. Aufgelöst, erschöpft und ausgelaugt. Ich fühle mich unsicher. Natürlich hatte ich schon mehrere Stürze beim Rennradfahren. Natürlich nur bei Bergabfahrten. Sobald ich abwärts fahre, sind diese Bilder wieder präsent. Ich bin quasi gefesselt in den negativen Erfahrungen, die mein Gefühl der Unsicherheit noch weiter verstärken. Dazu kommt das Gefühl, die vielen Herausforderungen auf der Strecke nicht absehen und planen zu können. Die unzähligen

Möglichkeiten, die mich zu Fall bringen könnten, zehren schon vor der Abfahrt an meinen Nerven.

Will ich das Rennradfahren aufgeben, nur weil ich die Berge, die ich liebe, hochzufahren, auch wieder runterfahren muss? Nein. Es geht ums Loslassen. Es geht darum, sich diesen Situationen bewusst zu stellen und wachsam zu agieren. Es geht darum, die Angst mit der richtigen Technik zu kanalisieren. Darauf bin ich natürlich nicht selbst gekommen. Ich habe den Rennrad-Guide im Trainingslager um Hilfe gebeten. Er hatte schon lange darauf gewartet, dass ich ihn endlich anspreche, damit er mich mit seinem Erfahrungsschatz unterstützen kann. Ein Angebot, das ich dankend annahm. Ab diesem Zeitpunkt war unser Team-Guide mein „role model" und ich sein permanenter Schatten. Er fuhr vor, ich habe mich an ihn drangehängt. Eins zu eins jede seiner Bewegungen nachgespielt. Bei jeder Bergabfahrt. In jeder Kurve. Ich fühlte mich wie befreit von jemandem zu lernen, der Experte auf diesem Gebiet ist und mir eine unglaubliche Sicherheit vermittelte.

Heute mag ich das Bergabfahren immer noch nicht. Aber ich habe gelernt, in diesen Situationen ganz bei mir zu bleiben, anstatt mich zu verkrampfen. Um Unterstützung werde ich jetzt häufiger bitten, wenn ich alleine nicht weiterkomme.

Wenn Sie sich in einer schwierigen Situation befinden, lassen Sie ganz bewusst los. Jede Kurve ist anders und birgt unterschiedliche Herausforderungen, die Sie vorher nicht absehen können.

Seien Sie Betrachter der Gesamtsituation. Es ist nur eine Kurve im Einklang mit einer wunderbaren Landschaft. Die Schwierigkeit relativiert sich dadurch.

Nutzen Sie Ihren Atem, um Ihren Puls zu steuern. Atmen Sie langsam aus, wenn Sie in die Kurve fahren. Somit geht Ihr Puls herunter und Sie sind konzentrierter.

Fokussieren Sie sich stets auf den höchsten Punkt, der aus der Kurve heraus führt und schauen Sie nicht in die Kurve hinein. Somit bleiben Sie handlungsfähig.

Lernen Sie von anderen und fragen Sie aktiv um Unterstützung. Es ist ein befreiendes Gefühl, Hilfe anzunehmen und etwas zurückgeben zu können.

## 2 Der volle Fokus auf nur eine Sache

Manchmal kommt es mir vor, als wären wir getrieben. Getrieben von den Erwartungen, die wir erfüllen wollen. Getrieben von unseren eigenen Zielen, die wir erreichen möchten. Die permanente Informationsüberflutung, die unbegrenzten Möglichkeiten und das konstante Gefühl, pausenlos up-to-date sein zu müssen. Wir schlüpfen morgens in unsere Rolle, die wir bis zur Perfektion den Tag übererfüllen. Und manchmal leben wir eine andere Rolle nach Feierabend weiter. Getrieben von unserem Tagesplan und den nicht enden wollenden „to do's", die von allen Seiten auf uns einströmen. Als würde man unter einem Wasserfall stehen. Oder eben im täglichen Hamsterrad einfach laufen.

Wäre es nicht unglaublich befreiend, für ein paar Tage aus diesem Hamsterrad auszusteigen? Sich nur auf eine Sache zu konzentrieren und den ganzen Tag seiner Leidenschaft nachzugehen? Diesen Luxus habe ich mir erlaubt: Eine Woche Trainingsurlaub auf Mallorca. Am Anfang fragte ich mich, ob mich eine Woche Rennradfahren überhaupt ausreichend auslasten würde. Vorsorglich packte ich jede Menge Fachliteratur für die Abendstunden sowie mein Terra-Band für weiterführende Kraftübungen ein. Um es kurz und knapp zu machen: Diese verweilten bis zum Ende des Urlaubs in der Ecke des Koffers, in der sie nach Mallorca gereist waren. Meine Gedanken beschränkten sich genau genommen für fünf Tage voll und ganz auf die primitiven

Grundfragen der Maslowschen Bedürfnispyramide: Essen, Sport, Essen, Schlaf. Und glauben Sie mir, damit war ich schon voll und ganz ausgelastet. Es ist befreiend, während einer 6-Stunden-Rennradtour nicht permanent auf sein Handy schauen zu können. Es ist befreiend, nur mit der Kleidung auskommen zu müssen, die man für seine Tagesroute am Morgen eingepackt hat. Es ist befreiend, den ganzen Tag einem Guide folgen zu können und sich keine Gedanken über die noch bessere Route, die kürzere Abzweigung oder die noch perfekteren Straßenbedingungen machen zu müssen. Und ja, es geht. Man kann abschalten und sich voll und ganz nur einer Sache widmen. Das Erstaunliche: Die Welt gibt es danach noch. Wenn man den Blick für das Wesentliche geschärft hat, ist das Leben sogar noch um ein Vielfaches lebenswerter geworden. Nicht, dass jetzt der Eindruck entsteht, ich würde den Rest meines Lebens gerne auf der Couch verbringen. Nein, das ist es nicht. Es ist eher das Gefühl wie gut es tut, sich voll und ganz auf eine Sache zu fokussieren und diese in aller Intensität zu durchleben. Wie will man wahrnehmen, wie schön die Küstenstraßen auf Mallorca sind, wenn man permanent in Gedanken bei der Mail von heute Morgen ist? Wie will man die Sonnenstrahlen auf dem Gesicht spüren, wenn man permanent Angst vor einem Sonnenbrand hat? Wie will man flexibel auf neue Routenbedingungen, plötzlich auftauchendes Wild auf der Straße oder eine unerwartete Fahrradpanne reagieren, wenn man seinen Tag schon vorher bis ins letzte Detail geplant hat?

Eine der großen Faszinationen beim Rennradfahren ist, immer offen und wachsam zu sein, was die Route und der Tag bringen. Ja, es kann plötzlich wie aus allen Wolken regnen, obwohl die Wetter-App nur Sonnenschein angezeigt hat. Ja, der Reifen kann plötzlich unerwartet platzen, obwohl man vorher alle Vorkehrungen getroffen hat. Und ja, es kann sein, dass man den Hausberg heute nicht als Erster erklimmt, da einem der Körper seine Grenzen aufzeigt. Ist man offen und wachsam für diese Situationen, wird man diese mit Bravour meistern. Ganz ohne Schockmoment. Und auch ganz ohne Frustration und schlechte Laune, weil es anders gekommen ist als geplant.

Am Ende des Tages einer erfüllenden Rennradtour zählt doch nur eines, den ganzen Tag voll und ganz bei sich gewesen zu sein. Jede Situation in sich aufgesogen und in aller Gänze genossen zu haben. Mit völliger Hingabe nur für diese eine Sache. Haben wir den Tag so erlebt, dann kommen die Ideen zur Lösung der Herausforderungen spätestens unter der warmen Dusche ganz von alleine. Und die Flut an Mails, die wir dann auf unserem iPhone abrufen, können wir mit Abstand und Weitsicht bewerten und mit einem ganz entspannten Lächeln beantworten.

Fokussieren und priorisieren Sie sich. Je schwerer die Ausstattung, je ganzheitlicher die Planung, desto enger ist der Handlungsspielraum.

Gestatten Sie sich selbst, sich voll und ganz mit allen Sinnen auf nur eine Sache zu konzentrieren.

Achten Sie auf Ihre Ressourcen. Reservieren Sie sich einen fixen Slot für Ihre persönliche Ich-Zeit.

Seien Sie stets wachsam und offen für Neues, damit Sie einzigartige Chancen und neue Routen wahrnehmen können.

Bleiben Sie flexibel und geben Sie ein Stück Kontrolle ab. Somit können Sie Ihren Zielhorizont stets an die aktuellen Gegebenheiten anpassen.

## 3 Auf dem Rennrad sind alle gleich

Die Zeit bis zu meinem ersten Rennradurlaub wollte nicht vergehen. Ich zählte die Monate, Wochen und schlussendlich jeden einzelnen Tag. Endlich war es soweit: Ich brach zu meinem ersten Trainingsurlaub nach Mallorca auf und war aufgeregt wie ein Kind. Der Flug von Düsseldorf nach Mallorca hatte fünf Stunden Verspätung, es regnete in Strömen, als ich aus dem Flieger stieg, und die Rennrad-Einweisung am ersten Abend war natürlich schon abgeschlossen, als ich endlich im Hotel ankam. Trotzdem war ich hellwach und hatte sämtliche Antennen auf die Bemusterung und Analyse meiner möglichen Rennradkollegen ausgefahren. Wer könnte auf meinem Leistungsniveau sein? Wer ist kein Rennradfahrer, sondern All-inclusive-Gast? Hoffentlich hat der Mann im Tour-de-France-Outfit eine Individual-Reise gebucht und ist nicht in meiner Leistungsgruppe! Soviel sei gesagt: Letzeres war der Rennrad-Guide. Insofern Glück gehabt.

Am nächsten Morgen sammelten sich alle Rennradteilnehmer über die unterschiedlichen Leistungsniveaus hinweg auf dem Dorfplatz. Dicke, dünne, durchtrainierte und gemütliche Fahrer. Alle in köperbetonte Rennradkleidung gepresst. Ich auch. Einer fiel mir sofort auf: X-Bionic-Funktionskleidung von Kopf bis Fuß, um die sechzig Jahre und ein eigens nach Mallorca überführtes Carbon-Rad mit individueller Namensprägung in weißer Kursiv-Schrift. Geschieden und gerade in der Midlife-Crisis? Herzlichen Glückwunsch, Schublade auf. Schublade zu. Natürlich gab es dann noch die Profi-Sportler in Schweizer-Profi-Teamsport-Ausrüstung. Das Fachsimpeln über die letzte Steigung und die mehr als 30.000 Höhenmeter, die man dieses Jahr locker zum Einfahren zurückgelegt hat. Große Töne und nichts dahinter, was für Angeber! Weitere Rennradkollegen standen ganz still in sich gekehrt, ohne ein Wort zu wechseln, nebeneinander. Dazwischen mischten sich wilde Kleidungsvarianten mit unbegrenzten Möglichkeiten von Leo-Mustern über gelbe Socken bis zum gepunkteten Schweißband. Beim Rennradfahren ist wohl alles erlaubt, dachte ich mir.

Dann ging es los. Wir durften uns selbst den unterschiedlichen Leistungsgruppen zuteilen. Da die Teilnehmeranzahl im Herbst übersichtlich war, gab es zu meinem Erstaunen nur vier Leistungsgruppen. Gemütliche Radwanderer, Einsteiger, die Profi-Leistungsgruppe und die Sandwich-Gruppe, in der sich das mischte, was weder als gemütlicher Einsteiger noch High-End unterwegs war. Ich war Teil der Sandwich-Gruppe. Das Schweizer-Profi-Team auch.

Wir starteten direkt in die erste Bergetappe und die ganze Schweizer Gruppe zog vorweg. Es perlte noch nicht einmal ein Tröpfchen Schweiß von der Stirn. Dabei stets kontinuierliches Weiter-Fachsimpeln zu den wichtigsten Rennradthemen. Ich verbrachte den ganzen Tag damit, mich dem überdurchschnittlichen Schnitt der Gruppe anzupassen und mitzuhalten. Auf der Sprintstrecke Richtung Hotel am späten Nachmittag verließen mich dann die Kräfte. Ich fiel immer wieter zurück und sah die anderen schon im Sprinttempo am Horizont verschwinden. In diesem Moment zog der Ober-Fachsimpler aus der Formation heraus und ließ sich so lange zurückfallen, bis er mir Windschatten geben konnte. Dicht an dicht und hochkonzentriert hängte ich mich dankbar an seinen Hinterreifen. Als wir endlich im Hotel ankamen, stand das ganze Team an der Straße und empfing uns mit einer großen Laola-Welle, um uns zur erfolgreichen Etappe zu gratulieren. Ich war total erschöpft und zutiefst gerührt, Teil eines so tollen Teams sein zu dürfen.

Gemeinsam verabredeten wir uns zum Abendessen. Meine Schweizer Rennradkollegen ohne Profi-Outfit, der Midlife-Crisis-Kandidat ohne Carbon-Rad und die Radwanderin, die schon über erstaunliche 70 Jahre alt war, gaben beim Abendessen ein ganz anderes Gruppenbild ab. Vom Anwalt über den Vorstandsvorsitzenden bis zur Zahnarzthelferin hatten alle nur ein Thema: die erste Tagesroute mit dem Hausberg, die alle in unterschiedlichen Niveaus der Leistungsausprägung gemeistert hatten. Es war egal, ob das Rad-Outfit gepunktet war oder das Fachsimpeln am ersten Tag eine professionelle Aura verliehen hatte. Wir waren hier auf Mallorca, weil uns eine gemeinsame Leidenschaft verbindet: Die Leidenschaft für das Rennradfahren. In dieser Leidenschaft waren wir alle als Team vereint. Es war die wahre Begeisterung für eine Sache, die die unterschiedlichsten Menschen mit ihren Leben und Erfahrungen an diesen Ort gebracht hat. Jeder hatte dieses Funkeln in den Augen und die Überzeugung, gerade am richtigen Ort mit der richtigen Aufgabe zu sein.

Und auch wenn ich nicht mit jedem meinen Nachtisch hätte teilen wollen, so habe ich mich an diesem Abend schon einem Team zugehörig gefühlt, das sich gegenüber allen anderen Hotelgästen als eine Einheit abgrenzt. Vom Schubladendenken habe ich mich ab diesem Zeitpunkt verabschiedet.

Urteilen Sie nicht vorschnell, sondern stehen Sie neuen Chancen und Erfahrungen offen gegenüber.

Verabschieden Sie sich von Ihrem Schubladendenken und begegnen Sie Ihrem Gegenüber auf Augenhöhe.

Umgeben Sie sich mit Menschen, die Sie inspirieren und von denen Sie lernen können. Streichen Sie Zeitkiller und Begegnungen mit „bad vibrations" aus Ihrem Terminkalender.

Respektieren Sie, dass Menschen die gleiche Sache unterschiedlich facettenreich ausleben. Jeder bringt seine Persönlichkeit und seinen eigenen Charakter ein. Nur dadurch ergibt sich das große Ganze.

Schaffen Sie eine Vision, die das ganze Team motiviert, indem Sie das persönliche Wertesystem eines jeden individuell ansprechen. Es gibt kein stärkeres Team als eines, das in der gleichen Leidenschaft aus eigenem Antrieb vereint ist.

# 4 Der eigene Flow

Die lang herbeigesehnte Rennradwoche war eine große Sache für mich. Ein gespanntes Kribbeln erfüllte meinen ganzen Körper. Die unglaubliche Vorfreude auf den abwechslungsreichen Routenplan war mit einer guten Dosis Respekt vor den mehr als 8.000 Höhenmetern gepaart, die wir uns als Trainingsziel für die Woche vorgenommen hatten. Das absolute Highlight der Woche stellte die Bergauffahrt auf den höchsten Berg Mallorcas, den Puig Major, dar. Der Puig Major offeriert auf dem mehr als zehn Kilometer langen Serpentinenaufstieg einen der schönsten Landschaftseindrücke der Insel.

Wir alle blickten dem Highlight der Woche gespannt entgegen und sahen das Bergtraining der ersten Tage als Vorbereitung auf diese große Challenge. Bei den Trainingsfahrten bildeten sich schon nach kurzer Zeit drei Leistungsgruppen am Berg heraus: Die Sprinter, die mit Volldampf vorweg direkt aus dem Sattel stiegen, die mittlere Gruppe, die an die Sprinter anknüpfte, und die dritte Gruppe, die sich langsam an die Bergetappe herantastete. Abhängig von meinem Kräftehaushalt und der Gesamtstreckenroute des Tages wechselte ich zwischen den verschiedenen Leistungsgruppen hin und her. Natürlich stets mit dem Ziel, kontinuierlich mit der ersten Leistungsgruppe mitzuhalten und einmal das Glückgefühl zu erleben, diese vollkommen abzuschütteln. Mit diesem fixen Ziel fest in meinem Kopf verankert wurde ich von Bergetappe zu Bergetappe verkrampfter. Schon vorher fragte ich den Trainer, wie viele Bergetappen uns heute bei welcher Steigung erwarten würden, damit ich meine Kräfte danach optimal dosieren konnte. Kurz vor dem Berg noch ein Stück Powerriegel, ein Schluck Wasser, schalten, aus dem Sattel raus und Vollgas. Ich berechnete die Geschwindigkeit und die Steigungswinkel, damit ich in der Kurve die optimale Abfolge wählen konnte. Und ich hängte mich dran, an das vorderste Feld, um bei den Besten mitzufahren. Ich war angefixt. Ich wollte den Berg bezwingen.

Fokussiert und zielgerichtet befand ich mich im Gleichtritt mit dem Feld. Plötzlich merkte ich, wie meine Beine zitterten. Jedes Mal, wenn ich aus dem Sattel ging, schwankte mein Rennrad. Es folgten weitere steile Kurven, die ich definitiv nicht in meinem noch vorhandenden Kräfterepertoire eingeplant hatte. Eine Steigung zog stellenweise bis auf 15 Prozent an und brachte mich fast zu Fall. Natürlich kam ich oben auf dem Berg an. Allerdings total verkrampft. Verbissen und erschöpft. Ich hatte weder die Landschaft noch den Ausblick wahrgenommen, es war ein einziger Kampf gewesen. Ein Kampf gegen mich. Ein Kampf gegen den Berg. Ein Kampf, der mich extrem viel Kraft gekostet und mir meine komplette Leichtigkeit und Intuition geraubt hatte. Ich fühlte mich erschöpft und unerfüllt.

Am nächsten Tag wachte ich schon viel früher als gewohnt auf. Heute stand das große Highlight an. Der höchste Berg Mallorcas, der Puig Major. Wir trafen uns schon um 8 Uhr in der Frühe, um mit dem Bus in Richtung Sa Calobra aufzubrechen. Je näher wir dem Berg kamen, desto ruhiger wurde es im Bus. Jeder tauchte in seine eigenen Gedanken ein, um sich auf die mächtige Bergetappe einzustellen. Als wir aus dem Bus stiegen, strömte mir ein frischer, lebendiger Wind entgegen. Der Puig Major war von Nebel eingehüllt, als wenn er seine volle Pracht noch von uns zurückhalten wollte. Er stand einfach da, selbstsicher, fest verankert in seinem eigenen Kern blickte er auf uns kleine Rennradfahrer herab.

Da wurde mir bewusst, dass ich diesen Berg niemals bezwingen würde. Er war viel zu mächtig, und ich schämte mich für meinen Gedanken, dass ich die Idee hatte, stärker als dieser beeindruckende Berg sein zu können. Stattdessen fühlte ich mich geehrt, dass ich nun ein Teil des großen Ganzen war und mich auf den Berg einlassen durfte.

Wir fuhren dieses Mal nicht in drei Leistungsgruppen. Jeder startete seine persönliche Bergetappe, wenn er sich dafür bereit fühlte. Ich atmete tief ein. Die frische Luft strömte in meinen Körper. Ich fühlte mich mit einer unglaublichen Kraft aufgetankt. In diesem Moment schien die Sonne durch den Nebel, und ich konnte ein paar warme Strahlen auf meinem Gesicht fühlen. Als sollte dies ein Zeichen sein, dass ich jetzt losfahren kann. Diesen intensiven Moment werde ich wahrscheinlich nie vergessen.

In jeder Kurve und jeder Steigung ließ ich mich von da an auf meinem eigenen Rhythmus ein. Ich hörte auf meinen Atem. Ruhig und unaufgeregt. Ich nahm das

Surren der Reifen wahr. Ganz im Einklang mit jeder Serpentine. Ich empfand die vollkommene Entspannung bei maximaler Leistung. Ich war eins mit mir und dem Berg. Als ich am Ende der Bergetappe ankam, war ich völlig bei mir selbst. Durchströmt von Glücksgefühlen und einer unglaublichen Power. Ich war im Flow. Dass ich eine der Bestzeiten im Team erreicht hatte, ist dabei zur Nebensache geworden.

Nur Sie erzeugen den Speed für Ihr eigenes Leben. Finden Sie Ihren eigenen Rhythmus.

Lassen Sie sich auf neue Herausforderung ein, anstatt Ihre Kraft darauf zu verwenden, gegen diese anzukämpfen.

Sehen Sie dem Leben gelassen entgegen und bleiben Sie Ihrem eigenen Kern treu.

Nehmen Sie Ihre Umgebung aktiv wahr, damit Sie wachsam und flexibel agieren können.

Finden Sie in der völligen Entspannung Ihren eigenen Flow bei maximaler Leistung.

# 5 In der Kraft bleiben

Es ist dieses Gefühl, wenn alles zu viel wird. Wenn ich glaube, dass noch eine Sache passiert und dann mein Kopf platzt. Es ist dieses unruhige "der-Kopf-ist-zu-Dröhnen", wenn es von allen Seiten auf mich einströmt. Dann weiß ich, dass ich jetzt Rennradfahren gehe.

Ich schmeiße mich in mein Rennrad-Outfit, prüfe den Reifendruck, ziehe meinen Helm fest, nehme mein Rad aus dem Wohnungsflur und verlasse das Haus. Ich aktiviere meinen Tacho, klicke die Cleats ein und dann geht es los. Tief einatmen. Langsam ausatmen. Raus auf die Straße. Die ersten Meter gebe ich immer Vollgas. Vollgas, um ins Radgefühl, in meinen eigenen Rhythmus zu kommen. Meistens habe ich das Glück, dass die erste Ampel eine grüne Welle einläutet. Ansonsten weiche ich manchmal auf den Bürgersteig aus, um die Ampel zu umfahren, so dass meine ersten Rennradmeter nicht gebremst werden. Auf den ersten Kilometern schaffe ich es, nicht zu denken. Ich konzentriere mich ganz bewusst auf die Anzahl der Bäume, auf meinen Atem und auf das Surren meiner Räder, um meinen Kopf völlig zu leeren. Nachdem der erste Stress mit Power rausgefahren ist, merke ich, wie sich mein Atem entspannt. Ich richte mich auf und nehme die Umgebung aktiv wahr. Die ersten Schweißperlen tropfen von meiner Stirn. Jetzt fühle ich mich geerdet. Nicht mehr fremdgesteuert von allen Dingen, die auf mich einstürzen. Sondern fokussiert auf mich selbst. Im Einklang mit meinem Rennrad. Jedes Mal, wenn ich meine Hausstrecke fahre, kann ich die Bilder vom Trainingslager auf Mallorca abrufen. Ich spüre dann die Sonnenstrahlen auf dem Gesicht und dieses unendliche Kribbeln und die Vorfreude auf den Tag. Langsam kommt dieses glückliche Lebensgefühl wieder, das meine Körperzellen durchströmt. Die Entspannung setzt ein, den Dingen offen und frei gegenüber zu stehen und sich ganz darauf einzulassen. Was immer auch kommen mag.

Dieses Gefühl setzt immer dann bei mir ein, wenn ich ganz bei mir selbst bin und nicht von äußeren Umständen getrieben von meinem Weg abweichen muss, wenn ich komplett loslassen und mich frei auf neue Routen begeben kann. Dann habe ich die Freiheit, noch ein paar Kilometer mehr zu fahren, weil ich es gerade möchte. Dann habe ich die Freiheit, spontan den Berg dreimal hoch und herunter zu fahren, weil es in diesem Moment die beste „Kopf-frei-Strategie" für mich ist.

Das Rennradfahren funktioniert für mich nicht, wenn ich weiß, dass ich eine Stunde später einen Telefontermin habe. Es funktioniert auch nicht, wenn mich mein Partner zu Hause mit vorwurfsvollem Gesicht anschaut und tausende Signale von schlechtem Gewissen versprüht, dass ich schon wieder aufs Rad gestiegen bin. Dann fühle ich mich selbst auf dem Rennrad unter Druck.

Immer öfter nutze ich das Rennradfahren zusammen mit Arbeitskollegen, um diese Drucksituationen zu verlassen, wenn wir nach kreativen Lösungen suchen oder wichtige Entscheidungen anstehen. Anstatt uns im grauen Meetingraum einen weiteren Kaffee zu ziehen und die Problemlösungsstrategie erneut auf einem Flipchart durchzukauen, gehen wir raus aus der Situation und setzen uns aufs Rennrad. Jeder fährt für sich, man reiht sich hintereinander ein. Schießt eine Idee oder ein plötzlicher Gedanke in den Kopf, fahren wir in Zweierteams nebeneinander her und tauschen uns aus. Meistens nicht über die eigentliche Herausforderung, sondern über das große Ganze und die Vielzahl an vernetzten Möglichkeiten.

Das Rennradfahren hat dann die größte Erfüllung für mich, wenn es nicht in ein festes Raster gepresst ist, sondern wenn ich es stets dann nutzen kann, wenn ich ein Ventil brauche, den Kopf wieder frei zu bekommen und mich auf das Wesentliche zu besinnen. Das Rennradfahren erdet mich. Und wenn ich nach der warmen Dusche wieder am Schreibtisch sitze, bin ich ein anderer Mensch. Ruhig, mit mir selbst im Einklang und offen, mich allen Herausforderungen zu stellen. Herausforderungen, die vor dem Rennradfahren noch unlösbar schienen und sich wie ein Berg vor mir auftürmten. Die Gedanken zur Problemlösung kommen dann ganz von alleine und fügen sich am Ende im Austausch mit dem Team immer zu einem großen Ganzen zusammen.

Wenn Sie Ihr eigenes Leben haben wollen, müssen Sie sich selbst treu bleiben.

Definieren Sie Ihre Prioritäten und setzen Sie diese konsequent gegenüber anderen durch.

Suchen Sie sich eine Aktivität, die Sie erfüllt und die Sie als Ventil nutzen können, um den Kopf frei zu bekommen.

Motivieren Sie sich und Ihr Team, nicht in einer Problemlösung zu verharren, sondern durch den Wechsel der Situation neue Gedanken zuzulassen.

Wenn Sie den Drang verspüren, etwas umsetzen zu wollen, dann machen Sie es. Denken Sie nicht über das Wetter oder den Zeitaufwand nach. Setzen Sie es direkt um.

# 6 Das Peloton-Gefühl in der Gruppe

*Dieses Kapitel wurde von dem langjährigen Rennrad-Trainer Thommy Knaf von Philipp's Bike Team auf Mallorca verfasst, der als Teilnehmer noch einmal selbst den Rennradsattel bestiegen hat.*

Aus Guide-Sicht möchte ich direkt zu Beginn klarstellen, dass nahezu alle meine Teilnehmer, unabhängig davon, ob sie bereits hunderte oder auch tausende persönliche Radkilometer in den heimischen Gefilden absolviert haben, die Herausforderungen in meinen Trainingscamps stets mit einer unglaublichen Begeisterung und Freude mehr als professionell abspulen. Jede Steigung wird gemeistert, jede Kurve sicher durchfahren und jede brenzlige Situation wird mit geschultem Auge bereits entspannt, bevor sie wirklich gefährlich werden kann. Nach vollbrachter Leistung erholen sich alle gemeinsam im Cafe und lassen den Blick entspannt über das mallorquinische Panorama streifen.

Doch dieses Mal sollte alles anders sein. Ich habe mich entschieden, die Perspektive zu wechseln und in eine andere Rolle zu schlüpfen. Heute werde ich nicht als Guide das Team anführen, sondern ich werde als einer der Teilnehmer direkt im Pulk mitfahren. Mit zehn bis fünfzehn Menschen, die ich gar nicht kenne. Die mich nicht kennen, die eventuell besser, schneller, sicherer Rennradfahren als ich oder auch für mich gefährlich werden können, wenn sie nicht vorausschauend fahren. Keiner ist es gewohnt, ständig in einem

Pulk wenige Zentimeter vom Nebenmann auf der Straße zu fahren. Wird jemand hastig bremsen? Bemerkt mein Hintermann rechtzeitig das Schlagloch? Neben mir fährt ein Mann, der unbedingt während der Fahrt seine akrobatischen Fähigkeiten unter Beweis stellen will und im vollen Speed versucht, sich die Jacke auszuziehen. Das Rennrad schaukelt bedrohlich hin und her. Ich verkneife mir meinen Kommentar. Heute bin ich nicht als Guide unterwegs.

Nach ein paar Kilometern habe ich mich entspannt. Auf der geraden Strecke erhöht der Guide das Tempo und nachdem er das Windschattenfahren noch einmal erklärt hat, reihen wir uns wie auf einer Perlenschnur hinter ihm ein. Wir bolzen, was das Zeug hält. Im Pulk erreichen wir eine Geschwindigkeit, von der wir alleine nur träumen können. Mit nicht einmal voller Kraft können wir nahezu leichtfüßig Meter um Meter abspulen. Nur einer muss strampeln. Der ganz vorne. Der arme Guide, denke ich mir.

Dann kommt ein Anstieg. Der Guide gibt Hinweise und Tipps für das Schalten, die Kontrolle des Pulses und eröffnet dann für jeden die freie Fahrt bis zum Gipfel. Die Schnellsten preschen sofort los. Es bilden sich kleine Gruppen, die gegeneinander fighten. Schnell findet man seinesgleichen. Wir spornen uns abwechselnd an und einer zieht den anderen wie selbstverständlich mit. Es spornt an, zu sehen, dass die nette Frau aus Köln den Anstieg meistert, und ich versuche Tritt zu halten. Die eigentlich vollkommen fremden Menschen scheine ich nach nur wenigen Kilometeren plötzlich wie meine besten Freunde zu kennen. Es ist als würde eine kleine Familie zusammen die Eindrücke auf diesem schmalen Rennradsattel erleben.

Man sieht den Bergfloh, der in jedem Anstieg scheinbar mühelos dem Gipfel entgegen stürmt, den etwas übergewichtigen Herrn aus der Pfalz, der sich schindet und müht, und die nette Kölnerin, die wohl schon überall auf der Welt mit dem Rad war und spannende Geschichten während der Tour erzählt. Eines haben alle gemeinsam: die Freude, oben auf dem Berg angekommen zu sein. Man muss eben nicht alleine den Berg hinauffahren. Wir nehmen die Herausforderung gemeinsam als Gruppe an und freuen uns dann im Team, es geschafft zu haben. Jeder kann sich dabei am anderen aufrichten und bekommt Mut, Ehrgeiz und Ansporn vermittelt. Man baut sich auf, feuert sich an, lernt sich kennen und fährt gemeinsam Rad.

Obwohl man sich noch nie im Leben gesehen hat, sitzt man abends bei einem gemeinsamen Essen an einem runden Tisch und wertet den Tag mit spannenden und erlebnisreichen Kilometern aus. Es ist schön, dass ich hier sein darf. Morgen, wenn ich wieder als Guide unterwegs bin, werde ich mich an diesen Tag erinnern.

Nutzen Sie die Dynamik der Gruppe, um die gemeinsamen Ziele zu erreichen.

Erlernen Sie das notwendige Wissen bedarfsgerecht in der jeweiligen Situation. Der Lerneffekt ist dann am größten, wenn das theoretische Wissen direkt mit der realen Situation verknüpft wird.

Teilen Sie Ihre Erfahrungen im Team, um das Zusammengehörigkeitsgefühl und die Motivation zu stärken und gegenseitig Vertrauen aufzubauen.

Genießen Sie den Augenblick und konzentrieren Sie sich bewusst auf den Moment, damit Sie diesen aktiv wahrnehmen.

Sehen Sie sich als ein Teil des Ganzen und bleiben Sie authentisch.

Lesen sie ab Seite 71 das spannende Rennrad-Interview mit Thommy Knaf, der das „Peloton-Gefühl in der Gruppe“ aus seiner vielschichtigen Guide-Perspektive inspirierend beleuchtet.

# 7 Die Balance finden

Das Rennradfahren ist für mich ein Ausdruck purer Ästhetik. Das wunderschöne Rad, schlicht und einfach. Ohne Motor, ohne zusätzlichen Verstärker. Allein durch uns und unsere Muskelkraft betrieben, setzt es genau das um, was ihm der menschliche Körper an Kraft zur Verfügung stellt. Das Rennradfahren ist authentisch. Es gibt nicht vor, etwas zu sein, was es nicht ist. Es ist sich seiner Grenzen bewusst und positioniert sich klar und direkt verbunden mit der Straße.

Wenn wir Rennradfahren, dann kann uns das gleichmäßige Treten, das Surren der Räder und das Dahingleiten in einen meditativen Zustand versetzen. Nichts lenkt uns ab, sondern wir werden eins mit der Geschwindigkeit. In solchen Momenten schweben wir mit einer fast engelsgleichen Leichtigkeit genau in dem Rhythmus, den wir selbst vorgeben, daher.

Wir werden nicht wie beim Autofahren zur „Geisel" der Maschine, die die Grenzen der Geschwindigkeit vorgibt. Beim Rennradfahren sind wir selbst der Motor und setzen unsere eigene maximale Kraft ein. Nicht, um einfach nur ein Ziel zu erreichen. Sondern auch, um den Weg mit aller Intensität zu erleben. Auf diesem Weg befinden wir uns im ständigen Wechselspiel zwischen An- und Entspannung. Wir bolzen auf der Straße im geradlinigen Flow, am Berg passen wir unser Tempo in voller Konzentration der Steigung an, bevor uns die belohnende Abfahrt in einen Rausch der höchsten Lust versetzt. Es ist die Abwechslung der Geschwindigkeiten, der Steigungen und der landschaftlichen Eindrücke, die das Rennradfahren erlebnisreich machen und uns zu Höchstleistungen motivieren.

Wir spüren in jedem Augenblick, wie viel wir unserem Körper abverlangen können und steuern unsere Muskelkraft aktiv im Hinblick auf die Routenanforderungen. Manchmal verlangsamen wir das Tempo bewusst und gehen aus dem Sattel, um unsere Oberschenkel zu entspannen, oder wir gönnen uns einen kurzen Halt, um die wunderschöne Landschaft zu genießen. Gerade bei langen Touren über hundert Kilometer brauchen wir diese Abwechslung, um uns aufzuladen und über die Tour hinweg im Zustand der Leichtigkeit zu bleiben. Klar ist, dass wir niemals aufgeben würden, bevor wir unser Ziel erreicht haben. Es stellt sich auf der Hälfte der Bergauffahrt nicht die Frage, ob wir umkehren, abbrechen oder die restliche Strecke nach oben schieben. Stattdessen nehmen wir einen tiefen Atemzug und besinnen uns auf unseren Kern. Wir aktivieren unsere Kräfte im Hinblick auf die unglaubliche Belohnung, die auf uns wartet. Das Gefühl, es aus eigenem Antrieb und eigener Kraft geschafft zu haben. Die Windungen der Straße wie die Windungen des Lebens empor geklettert zu sein. Gleichzeitig der weite Blick über die Landschaft, die das Alltägliche auf ein Mindestmaß schrumpfen lässt.

In diesem Moment fühlen wir so etwas wie selbstbestimmte Freiheit. Den Berg hoch zu radeln hat uns keiner aufgedrückt. Wir haben es aktiv, ganz bewusst für uns selbst entschieden. Mit dieser Klarheit wird unsere Entscheidung zu einem der authentischsten Gefühle überhaupt, da sie von äußeren Anreizen vollständig entkoppelt ist. Weil sie unserem Kern entspricht und wir die Geschwindigkeit, das Tempo und die Art und Weise wie wir unser Ziel erreichen, unserer eigenen Situation auf diesem Weg selbstbestimmt anpassen.

Wer mit dem Rennrad schon einmal einen alpinen Pass hochgeradelt ist, wird dieses intensive Erlebnis im ständigen Wechselspiel zwischen maximaler Anspannung und der vollkommenen Entspannung wohl nie vergessen. Aus meiner Sicht ist es gerade diese Abwechslung, die uns auf dem Rennrad ermöglicht, unsere Ziele mit einer besonderen Leichtigkeit zu erreichen. Es ist diese direkte Verbindung zu unserem Kern, die uns augenblicklich passgenau agieren lässt. Wir merken, wenn unsere Beine schmerzen, wir nehmen wahr, wenn wir unseren Puls in die Höhe jagen und wir spüren die Schweißtropfen, die von unserer Stirn perlen.

Wir sind frei von dem Gefühl „etwas zu müssen" und können unsere Power ganz bewusst an das anpassen, was unsere Körper gerade benötigt. Dadurch befinden wir uns in der völligen Balance mit uns selbst und gestehen uns die Zeit zu, die wir für den Weg benötigen, um unser Ziel zu erreichen.

Die Zeit, die uns in den meisten Business-Situationen fehlt. Die wir uns bewusst nicht zugestehen. Wir sind getrieben von der Vielzahl an Projekten und rennen von Meeting zu Meeting. Selbst wenn wir zwischendurch kurz einen Happen essen, geschieht dies meist ohne Abschalten direkt am Arbeitsplatz. Daraus resultiert nicht nur eine Ausbeutung der eigenen Ressourcen, sondern auch die Gefahr des Tunnelblicks. Wir verlieren den Überblick und können nicht mehr mit Abstand die richtigen Entscheidungen treffen. Die fehlende Verbindung zu uns selbst macht es uns immer schwieriger herauszufinden, was uns gerade wirklich guttut. Dabei wissen wir genau, wie wertvoll unsere körperlichen Ressourcen für unsere Zielerreichung sind. Es geht um Achtsamkeit und das bewusste „Freimachen" von den externen Nebengeräuschen. Damit wir wirklich in uns herein hören können.

Lassen Sie sich nicht treiben, sondern bestimmen Sie aktiv Ihren Lebensweg.

Integrieren Sie aktive Erholungspausen in Ihren Alltag, um aufzutanken.

Hören Sie in sich herein, was Ihnen gerade guttut.

Machen Sie sich frei von dem „Ich-muss-noch-Modus" und richten Sie Ihre Ressourcen an der aktuellen Situation aus.

Seien Sie konsequent in Ihren Vorhaben und setzen Sie diese gegenüber Ihrem Umfeld selbstsicher um.

# 8 Vom Champion zum Nachzügler

Wenn ich Rennradfahre, kann ich komplett loslassen. Tritt für Tritt radle ich mich von den Alltagssorgen frei. Tritt für Tritt spüre ich mehr und mehr die Verbindung zu mir selbst. Ich komme in einen einzigartigen Sog, der ungeahnte Kräfte in mir frei setzt.

Da ich die heutige Strecke schon kenne, kann ich mich voll und ganz auf mich konzentrieren, auf meinen Einklang mit meinem Rad. Ich gleite in einer Leichtigkeit dahin und nehme meine Umgebung kaum wahr. Den LKW-Fahrer hinter mir, der seinen Motor überflüssig laut aufheulen lässt, um seine Macht zu demonstrieren, blende ich einfach aus. Ich habe den Kopf gesenkt und mich ganz auf die Straße fokussiert. Heute geht es einfach nur um den Gleichtritt mit mir selbst. Auch die überholenden Autos ziehen ohne Kenntnisnahme meinerseits einfach mir vorbei. Ich radle in meinem eigenen Flow dahin.

Plötzlich werde ich vom Fahrtwind ergriffen. Gerade noch nehme ich ein kurzes Nicken gepaart mit einem „Moin" wahr, als ein elegant-schnittiges Rennrad im höchsten Speed an mir vorbei saust. Sofort bin ich auf den Sattel meines Vordermanns fixiert, mein Gleichtritt ist wie vergessen. Es ist das Kribbeln in meinen Beinen, das mir einen Extra-Kick Adrenalin verleiht. Ich gebe Vollgas. Mein ganzer Fokus ist darauf gerichtet, meinen Vordermann einzuholen. Ich habe mich ganz auf den dahingleitenden Punkt am Horizont fixiert, den ich unbedingt erreichen möchte. Meine Füße treten so schnell in die Pedale, dass sie beinahe zu einem rollierenden Kreislauf verschmelzen. Ich höre meinen immer schneller werdenden Atem. Aufgeben? Keine Option. Ich bleibe dran.

Endlich ist es soweit. Was für ein wahnsinniges Glücksgefühl, als ich auf den letzten Metern aus dem Sattel rausgehe und an meinem Rennradkollegen mit einem freundlichen „Moin“ vorbei ziehe. Ich fühlte mich wie ein Champion und blicke gespannt auf meinen Tacho. Unglaublich! So schnell war ich noch nie auf dieser Strecke! In diesem Moment wird mir bewusst, wie sehr mich der Rennradkollege zur Höchstleistung motiviert hat. Von alleine hätte ich auf dieser heutigen Route meine Trittfrequenz sicherlich nicht sonderlich erhöht. Doch der vorbeiziehende Rennradfahrer hat ungeahnte Ressourcen in mir freigesetzt und mich selbst zum Streckenrekord motiviert.

Sich erfolgreich auf die Überholspur zu begeben, kann wahnsinnig befriedigend sein. Umso enttäuschender ist es, wenn man selbst überholt wird, ohne mithalten zu können. Wenn es gerade eben nicht so läuft, wie man es sich vorstellt. Wenn alle anderen kinderleicht die Bergetappe meistern und man selbst Mühe hat, mitzukommen. Wenn heute, obwohl man sich bestens auf seine Ziele vorbereitet hat, die Beine schwer wie Blei sind. Wenn die Gedanken im Kopf einfach nicht aufhören wollen und man sich nicht auf den ersehnten Flow einlassen kann.

Ist es dann hilfreich, auf die eigene Performance einzuprügeln? Sich maßlos über sich selbst zu ärgern und den Kopf in den Sand zu stecken? Nein. In diesem Moment hilft einfach nur das Loslassen. Die Erwartungen loszulassen, die wir an uns selbst haben. Den Druck loszulassen, dem wir uns ausgesetzt fühlen und sich einzugestehen, dass man eben keine Maschine ist. Dass es gute und schlechte Tage gibt. Dass wir keine Höchstleistung erreichen werden, wenn wir unser eigenes Raster noch enger und stringenter um unser Leben ziehen. Wenn wir loslassen, können wir diese Situationen aktiv zur Selbstreflexion nutzen und diese nutzen, um uns weiter zu entwickeln.

Genau diese Erfahrungen machen wir auch im Business. An einem Tag erzielen wir die beste Performance. Am nächsten Tag erreichen wir nicht einmal die Hälfte unseres selbstgesteckten Pensums. Es ist ein Wechselspiel, das nicht zu hundert Prozent planbar ist. Unerwartete Probleme stürzen auf uns ein oder Mitarbeiter benötigen mehr Aufmerksamkeit, als wir eigentlich für den Tag eingeplant hatten. In solchen Situationen wird es schwierig, unsere am Tagesanfang klar definierten Ziele noch zu erreichen. Möchten wir dies entgegen aller Umstände durchsetzen, verkrampften wir schnell in einem Übermaß Strukturiertheit, das uns nicht mehr ad hoc die richtigen Entscheidungen treffen lässt.

Das Loslassen hilft uns hingehen, uns flexibel auf die Situation einzulassen und bewusst Wichtiges von Unwichtigem zu trennen. Entscheiden wir uns jeden Tag aufs Neue, einen gewissen Freiraum für Ungeplantes einzuräumen, werden wir ad hoc die richtigen Entscheidungen treffen, anstelle uns aufgeliefert zu fühlen. Dann können wir auch die ungeplanten Ereignisse wie ein Champion meistern, ohne dass uns diese aus der Bahn werfen.

Machen Sie sich frei vom „perfektionistischen Denken". Keiner ist perfekt. Und wäre es so, wäre das Leben sicherlich nicht lebenswert.

Bleiben Sie authentisch.

Treffen Sie Ihre eigenen Entscheidungen und werden Sie nicht zur „Geisel" der Umstände.

Gehen Sie angstfrei durch Ihr Leben und schalten Sie Ihr „Kopfkino" aus.

Entscheiden Sie sich jeden Tag bewusst aufs Neue für Ihre persönliche Art zu leben.

## 9 Spaß an der Challenge

Wie wäre das Rennradfahren, wenn wir keinen Gegenwind hätten. Immer nur die gleiche Strecke, ohne Höhenmeter. Auf der Straße stets eine grüne Welle. Immer mit den gleichen Teamkollegen in konstanter Tagesform. Würde uns das Rennradfahren dann so faszinieren und ausfüllen? Mit Sicherheit nein. Dann wäre es eine langweilig dahin plätschernde Bewegungsalternative.

Wir fahren Rennrad, weil wir uns selbst fordern möchten und weil wir gefordert werden wollen. Es geht darum, die eigenen Grenzen auszutesten, diese manchmal zu überschreiten und sich ganz bewusst auf das Risiko einzulassen. Wir alle wissen, dass wir uns mit dem Rennradfahren in die Gefahrenzone begeben. Dass wir uns nahezu ungeschützt auf dieses Risiko einlassen. Dabei geht dieses Risiko nicht nur von uns selbst und unserem persönlichen Bedürfnis der Grenzüberschreitung aus. Es sind auch die Straßenverhältnisse, die wir nicht immer direkt einschätzen können, die überraschten Autofahrer, die uns vielleicht nicht wahrnehmen oder die unerwarteten Reifenpannen, die uns bei voller Geschwindigkeit aus der Bahn werfen könnten. Diese Risiken können wir nur dann erfolgreich managen, wenn wir stets mit allen Sinnen aufnahmebereit und voll und ganz im Hier und Jetzt sind. Es ist genau diese Wachsamkeit, die dieses Erlebnis noch um ein Vielfaches intensiviert. Es plätschert nicht einfach an uns vorbei, sondern wir nehmen das Rennradfahren mit allen Sinnen aktiv auf.

Das Rennradfahren hat für mich etwas Wahrhaftiges. Es ist niemals aufgesetzt und verschmilzt stets im Einklang mit der Natur. Bei keiner anderen Sportart fühle ich mich so mit mir selbst und der Umgebung verbunden wie beim Rennradfahren. Wenn der Schweiß bei den Bergauffahrten auf den Lenker tropft oder die Rennradjacke bei der Abfahrt vom Fahrtwind auf unserer Haut klebt, dann weckt dies eine ungeheure Lebenslust. Wenn wir mit über siebzig Stundenkilometer eins mit der Straße werden, spüren wir diese urtümliche Lust am Speed mit allen Sinnen. In diesen Situationen wachsen wir über uns heraus. Weil wir Spaß daran haben, uns selbst zu „challengen".

Gleichzeitig erahnen wir das Risiko, dem wir uns aussetzen. Nur ein kurzes Schwanken unseres Lenkers könnte für uns den verletzenden Fall bedeuten. Unsere Gedanken konzentrieren sich alleinig auf das rasche Überblicken der Straße nach Steinen, Pfützen oder Schlaglöchern, damit wir sofort agieren können. Diese volle Aufmerksamkeit und Wachsamkeit steigern unser Erlebnis ins Unermessliche. Wir durchbrechen die Monotonie des Alltags.

Auch im Business laufen wir Gefahr, im alltäglichen Hamsterrad der Monotonie mitzulaufen. Grundsätze wie „das haben wir schon immer so gemacht" oder „unsere Kunden wollen das nicht" beschleunigen sicherlich keine neuen Markttrends. Fortlaufend aneinander getaktete Marathon-Meetings haben noch keinen Mitarbeiter zu Höchstleistung motiviert und zweihundert Seiten starke Projektanforderungen ersticken jede risikoaffine Neukonzeption bereits im Keim. Dabei sollten wir uns und unsere Teams challengen. Nur wenn wir unseren Mitarbeitern die Möglichkeit geben, den Blick auf andere Branchen und alternative Lösungswege zu werfen, werden wir das eigene Geschäftsmodell passgenau weiterentwickeln können. Nur wenn wir neue Ansätze und Konzepte schnell und unkompliziert testen können, werden dem Markt voraus sein. Nur wenn wir „out-of-the-box" denken und unterschiedliche Perspektiven zulassen, motivieren wir unsere Mitarbeiter.

Werden Sie nicht zum „Ja-Sager", weil es einfacher ist. Setzen Sie keine Projekte um, nur weil diese umzusetzen sind. Schaffen Sie einen aktiven Mehrwert für sich und Ihr Unternehmen, indem Sie Ihren Standpunkt klarmachen. Haben Sie Spaß an der Challenge! Fordern Sie Ihr Umfeld heraus, um den Ressourceneinsatz und die Nutzenkomponenten ganzheitlich zu prüfen. Der Gegenwind wird Sie zu Höchstleistungen motivieren.

Schwimmen Sie bewusst aus dem grauen Strom der „Ja-Sager" heraus.

Lassen Sie sich auf Risiko-Situationen aktiv ein.

Haben Sie Spaß an Herausforderungen und freuen Sie sich auf den Gegenwind.

Halten Sie alle Ihre Sinne aufnahmebereit.

Benennen Sie im Team einen „advocat's devil", um das Projekt von unterschiedlichen Perspektiven zur besten Gesamtlösung für das Unternehmen zu beleuchten.

## 10 Der selbsterzeugte Speed

Ich liebe das Joggen. Man braucht nicht viel, ist jederzeit flexibel und kann seine Joggingschuhe einfach überall mit hinnehmen. Auf Geschäftsreisen jogge ich schon morgens früh und erkunde dabei neue Städte. Schon oft habe ich einen enormen Wissensvorsprung gegenüber meinen Kollegen, die es nach der Arbeit per Taxi direkt ins Hotel verschlägt. Ich hingegen kenne die kleinsten Gassen, die schönste Wege und habe schon nach kurzer Zeit das Gefühl mit der zuvor fremden Stadt vertraut zu sein. Wenn ich renne, vergesse ich manchmal Raum und Zeit, höre nur meinen Atem und die Schritte auf dem Asphalt. Das war mein Jogging-Flow, der mich geradezu süchtig gemacht hat. Als ich mit dem Joggen aufhören musste, war es für mich so, als wenn ich in ein tiefes Loch fallen würde. Der Ausgleich, den ich wie selbstverständlich jederzeit in mein Leben integriert hatte, war auf einmal verboten. Ich fühlte mich hilflos und hatte das Gefühl, mein ganzer Körper steht kurz vor der Explosion. Automatisch bekam ich schlechte Laune. Je weniger Sport ich machte, desto schlechter fühlte ich mich. Bis ich das Rennradfahren für mich entdeckte.

Zugegebenermaßen stand ich dem Radfahren anfangs ziemlich kritisch gegenüber. Doch schon nach der ersten Ausfahrt war ich wie angefixt. Das Rennradfahren ist für mich ebenso ein wertvoller Ausgleich wie das Joggen. Allerdings in noch verstärkter Art und

Weise. Beim Joggen setzen wir genau das um, was unsere Muskelkraft uns bietet. Beim Rennradfahren haben wir ein zusätzliches Vehikel. Ein Vehikel, das unsere Muskelkraft, aber auch unseren Willen und unsere Bereitschaft uns zu quälen in potenzierter Weise auf ein Vielfaches überträgt. Das Rennrad ist unser Werkzeug, uns auf eine noch intensivere Art und Weise auszudrücken. Nicht so schnell wie ein Auto oder Motorrad, die an allem vorbeifliegen. Sondern genauso schnell wie möglich und genau so langsam wie nötig, um alles um uns herum genau zu spüren und zu erfahren. Wir rauschen durch den Moment und erleben diesen zugleich wie in einer Zeitlupe. Fahren wir den Berg herunter, spüren wir den Wind auf unserer Haut wie kalten Nebel. Scheint uns die Sonne ins Gesicht, nehmen wir diese so intensiv wahr, als wenn sie nur für uns scheinen würde.

Im Gegensatz zum Joggen verändert das Rennrad die Möglichkeiten unseres Körpers. Wir können diese im positiven Sinne multiplizieren oder im negativen Sinne bis zur maximalen Erschöpfung ausbeuten, wenn wir nicht achtsam damit umgehen. Wir vertrauen unserem Rennrad zu einem gewissen Grad unser Leben an. Wenn sich bei unseren Joggingschuhen die Sohle lockert, werden wir dies sicherlich überleben. Wenn wir unsere Rennradtour unbedacht überstürzen oder uns zu sehr von Nebengeräuschen ablenken lassen, könnte dies für uns weitaus schwerwiegendere Folgen haben. Jede Situation und jeder Sport kann für uns zu dem werden, was wir daraus machen wollen. Natürlich kann man den Kopf in den Sand stecken und dem Sport für immer abdanken, weil einem gerade ein Strich durch die Rechnung gemacht wird. Oder man versucht, dies als Chance zu sehen, Neues für sich zu entdecken und sich persönlich weiter zu entwickeln.

Ein Freund von mir hat es auf den Punkt gebracht: „Pessimisten küsst man nicht". Ich finde, dieser Satz trifft genau den Kern. Umgeben Sie sich gerne mit Menschen, die Sie als „Müllschlucker" benutzen? Inspiriert es Sie, wenn jemand immer zuerst das Negative anstelle der positiven Seiten sieht? Ich möchte es definitiv nicht übertreiben. Auch ich habe Tage in meinem Leben, an denen ich mich am liebsten im Bette verkriechen würde und nichts außer Regenwolken sehe. Doch durch viele positive Erfahrungen und den wertvollen Austausch mit engen Freunden habe ich gelernt, dass es immer zwei Perspektiven gibt. Jede Medaille hat zwei Seiten. Und auch wenn es manchmal leichter ist, sich einfach ins Negative fallen zu lassen, können wir jede Situation zur persönlichen Weiterentwicklung nutzen.

Unser Rennrad kann unsere Möglichkeiten um ein Vielfaches potenzieren und zu einem unglaublichen „Glück-Instrument" werden, wenn wir es entsprechend unserer Breitschaft und unserem Mindset richtig einsetzen. Ebenso haben wir auch den Speed für die Ausgestaltung unseres Lebens selbst in der Hand. Das Rad verändert die Möglichkeiten unseres Körpers. Und wenn wir es wirklich wollen, können wir unsere persönlichen Möglichkeiten ebenso verändern.

Umgeben Sie sich nicht mit Pessimisten und sorgen Sie selbst dafür, dass Sie mehr Guthaben auf Ihrer positiven Erfolgsseite einfahren.

Setzen Sie einen Gegentrend: Optimismus macht Spaß. Infizieren Sie Ihr Umfeld bewusst damit.

Bewahren Sie die Distanz und halten Sie bewusst Abstand zu Menschen, die Sie als „Müllschlucker" missbrauchen.

Führen Sie ein Tagebuch mit den positiven Erfolgen im Team und teilen Sie diese aktiv. Das schafft Motivation.

Notieren Sie sich das positive Feedback von Freunden und Kollegen. Nutzen Sie dieses in herausfordernden Situationen als „positive labeling".

# 11 Die wichtigsten Handlungsempfehlungen aus der Perspektive des Rennrad-Guides

*Thommy Knaf im exklusiven Interview über die Faszination Rennradfahren, seine größten Erfolgsgeheimnisse und die Leidenschaft, wöchentlich neue Teams zu führen und zu motivieren.*

JS: **Wie bist du zum Rennradfahren gekommen?**

Dem Grunde nach habe ich seit Kindheitstagen immer Handball gespielt. Das passt wohl auch etwas besser zu meiner Statur, die eher rennradfahreruntypisch ist. Trotzdem gab es ein paar Jahre, in denen ich zusätzlich im Rennradverein bei uns im Ort trainiert habe und auch erste Rennen gefahren bin. Das waren neben den Straßenrennen sogar auch Bahnrennen. Alles natürlich sehr klein und wie es in meiner Kinderzeit noch üblich war, sehr amateurhaft. Aber ich war mit Herzblut dabei und es kam zu diversen Erfolgen mit lustigen Urkunden, Pokalen und Wimpeln. Meine Problematik war dann, dass ich jeden Tag ca. 35 km mit öffentlichen Verkehrsmitteln nach der Schule zum Training hätte fahren müssen. Auch aufgrund des intensiven Handballtrainings habe ich mich dann gegen eine Radsportkarriere entschieden und das Radeln bis auf kleine Ausfahrten auf normalen Crossbikes nahezu eingestellt. Erst viele Jahre später kam ich wieder zum Rad zurück. Ich hatte in Kroatien als Guide die Aufgabe, Gäste mit dem Bike über die Inseln Nord- und Süddalmatiens zu führen. Das war natürlich ein Highlight meines bis dahin eher durchschnittlichen Radl-Lebens. Ab diesem Zeitpunkt war ich wieder voll dabei. Ich verlängerte meine Tätigkeit als Rennrad-Guide in Fuerteventura und habe dabei den einen oder anderen Kilometer zustande gebracht. Irgendwie war die Liebe zum Radfahren immer da. Mal mehr, mal weniger ausgeprägt. Heute radle ich als Guide regelmäßig über 15.000 Kilometer im Jahr auf Mallorca, der schönsten Insel der Welt (das ist der Original-Werbespruch der Mallorquiner).

JS: **Was unterscheidet dich in deiner Rolle vom „normalen Rennradfahrer" zum professionellen „Rennrad-Guide"?**

Um es auf den Punkt zu bringen: Alles, was du selbst gerne fahren würdest, wie schnell, wie weit, welche Pausen, kannst du als Guide komplett vom Tisch schieben. Als Guide fährst du für die Gäste. Du schaust, wer hat Probleme, du organisierst einen Zeitplan, du planst die Pausen mit Einkehr- und Caféstopps bis hin zu dem rettenden Baum oder Strauch, wenn es unterwegs mal kleine „Probleme" mit der Blase gibt. Wer glaubt, als Guide seine privaten Trainingskilometer abspulen zu können, liegt falsch. Ich bin jeden Tag voll dabei. Für mein Team, für meine Gäste. Das Schöne ist, dass ich es gerne mache und mein größtes Hobby nun mein Beruf ist. Wenn du etwas gerne machst, bist du gut in dem, was du tust. Wenn die Gäste dann dankbar und überglücklich am Ende der Rennradwoche nach Hause fahren, weiß ich, dass es sich gelohnt hat. Das ist mein Ansporn, meine Motivation.

JS: **Wie gelingt es dir, aus der Vielzahl an unbekannten Gästen, hochmotivierte Einzel-Teams zu formen?**

Das schaffe ich natürlich nicht alleine. Wir haben über die letzten Jahre viele Erfahrungen über die Strecken und die Profile der Touren gesammelt und daraus einen optimalen Wochenplan über acht verschiedene Leistungsgruppen zusammengestellt. Für jeden Gast ist das Angebot dabei, das seinen Bedürfnissen entspricht – vom Anfänger und Gelegenheitsradler bis zum Amateurrennfahrer. Schon vor der eigentlichen Reise können sich unsere Gäste von zu Hause selbst einschätzen und wählen, in welcher Gruppe sie starten möchten. Am ersten Rennradtag folgt dann der Realitätscheck. Ich fahre als Guide den ersten Abschnitt unserer ersten Tagesetappe immer ein recht sportliches Leistungsniveau und schaue, wie sich die Gruppe verhält. Kommt es dort schon zu den ersten Problemen muss ich mir natürlich Gedanken machen, wie ich damit umgehe. Ich kenne die Profile und Tagesetappen genau und kann aufgrund meiner Erfahrung einschätzen, wer für das Leistungsniveau der Gruppe geeignet ist oder wer eventuell auch zu stark für den Rest des Teams fährt. Das muss ich möglichst schnell herausfinden. Je schneller, desto besser. Ich tausche mich dann mit dem Gast aus und gebe ihm ein offenes Feedback aus meiner Guide-Perspektive. Wir sprechen über sein aktuelles Leistungsniveau, seine Ziele und finden gemeinsam heraus, welche Gruppe derzeit am besten zu seinen Bedürfnissen passt. Immer in Hinblick auf den Spaß des Gastes beim Radfahren. Keiner soll sich unterfordert fühlen und ständig hinter mir drängeln oder stets am Limit fahren müssen. Natürlich können wir auch so etwas wie einen Entwicklungsplan für die Woche aufstellen. Manchmal bekomme ich auch einen Gast aus einer schnelleren Gruppe oder es stößt jemand Neues aus einer unteren Gruppe zu uns. Auch das muss ich natürlich beachten. Aber meistens spielen wir uns dann ganz schnell ein und spätestens am zweiten Tag sind wir ein kleines Team aus Damen und Herren, die gerne mit mir durch die schönsten Strecken Mallorcas radeln und dies in dem richtigen Team in vollen Zügen genießen können.

JS: **Im Team gibt es unterschiedliche Persönlichkeiten. Würdest du aufgrund eines Gastes die komplette Route ändern?**

Ganz klar, nein. Wenn das jemand möchte, schlage ich ihm vor, seine individuelle Wunschroute an seinem freien Tag zu fahren. Wir haben eine Verantwortung gegenüber den Gästen, die sich den Streckenverlauf im Vorfeld genau angeschaut und sich darauf vorbereitet haben. Zudem anderen sind natürlich viele weitere Faktoren in die Streckenauswahl mit eingeflossen. Wir wählen nicht nur die landschaftlich schönste Route für unsere Gäste, sondern berücksichtigen auch verkehrsbedingte Probleme und kennen natürlich die besten Cafés und leckersten Torten entlang der Strecke. Das Team funktioniert nur, wenn sich jeder darauf einstellt und sich selbst ein Stück zurücknimmt. Somit kann ich als Guide auch nicht einfach das Tempo anziehen, weil mir gerade danach ist. Ich muss auf alle Teammitglieder schauen und trage die Verantwortung dafür, dass die ganze Gruppe mit Spaß und Freude dabei ist. Bei mir steht der Gast an erster Stelle und das erwarte ich auch von meinen Kollegen.

JS: **Gab es schon einmal die Situation, wo dir als Guide die Puste ausgegangen ist? Wie bist du damit umgegangen?**

Sagen wir einmal so, ganz ausgegangen sicher nicht. Dafür fahren wir zu viele Kilometer und achten drauf, dass wir nie am Limit fahren. Gegenüber dem Gast kennen wir als Guide die Strecke und können uns unsere Kräfte einteilen, da wir exakt wissen, dass der Anstieg noch 2.300 Meter lang ist. Allerdings kann es natürlich vorkommen, dass man erkrankt oder einfach einen schlechten Tag hat. Ich hatte tatsächlich einmal eine sehr schwere Woche und bei jeder Kurbelumdrehung hat meine Achillessehne geschmerzt. Dann weißt du, dass du die Woche nicht Vollgas geben kannst, und du denkst über alternative Lösungswege nach. Ich gebe meinen Gästen dann zum Beispiel freie Fahrt im eigenen Tempo, damit jeder auf seine Kosten kommt. Übrigens lasse ich mir auch gerne einmal Zeit, wenn es den Berg hinaufgeht. Ich fahre dann bewusst mit den Letzten den Berg hinauf und mache auch einmal ein Bild von unterwegs.

JS: **Plötzlich regnet es aus allen Wolken. Keiner konnte damit rechnen. Die Gruppe ist überrascht und demotiviert. Wie bringst du alle sicher nach Hause und „rettest" den Tag?**

Bisher hatte ich immer ein sehr großes Glück und meine Teams blieben vom Regen verschont. Ein Gast meinte einmal, ich würde die Wolken umfahren. Aber dann sollte es doch trotz aller vorausschauenden Planung passieren. Ein unglaublicher Sturzregen, der die ganze Straße überschwemmte. Wenn so etwas passiert, versuche ich natürlich schnellmöglich einen Unterschlupf zu finden. Ein guter Guide motiviert seine Gäste auch in solchen Situationen und verbreitet gute Laune. Wenn man viel Glück hat, ist es nur ein kurzer Schauer, der mit einer leckeren Cafépause überbrückt werden kann. Dann geht es vorsichtig nach Hause und nach der warmen Dusche ist alles wieder gut.

JS: **Was ist euer Erfolgsgeheimnis als Trainer-Team, um dem Kunden jede Woche aufs Neue ein einzigartiges Erlebnis zu bieten?**

Erst einmal versuchen wir, dass die Gäste sich auf voll und ganz auf das Rennradfahren konzentrieren können. Wie alles organisiert wird und welcher Aufwand im Hintergrund vom Team betrieben wird, damit sollen unsere Gäste im Regelfall gar nicht in Berührung kommen. Mein Team und ich arbeiten Hand in Hand. Wir können uns blind aufeinander verlassen, jeder hat seine Rolle und seine konkreten Aufgaben. Kommunikation ist eine der wichtigsten Erfolgsfaktoren. Wir tauschen uns regelmäßig aus, keiner nimmt ein Blatt vor den Mund. Täglich versuchen wir herauszufinden, was wir noch besser machen können. Ich höre mir sehr bewusst das Feedback und die Wünsche unserer Gäste an, denn sie sind der größte Gradmesser für unser

Team. Darüber hinaus bekommt jeder seine eigenen Freiheiten und es wird ganz klar kommuniziert, was wir wollen. Ich versuche, dies gegenüber dem Team vorzuleben. Das motiviert natürlich auch die anderen Teamleader. Ich möchte, dass wir über alles reden, offen und ehrlich sind. Naja und dass bei uns der Spaß natürlich nicht zu kurz kommt. Aber das weiß eh' jeder, der mich kennt.

JS: **Über 15.000 Radkilometer im Jahr und jede Woche eine neue Gruppe. Hat man nach der Saison noch Lust auf das Rennradfahren?**

Darf ich ehrlich sein??? Die letzte Gruppe hatte ich Ende Oktober und seitdem war ich etwa drei Mal auf dem Rad. Ich bin kein Radverrückter und genieße aktuell die Zeit auch einmal ohne den schmalen Rennradsattel. Es kommt immer auf die Balance zwischen Anspannung und Entspannung an. Ich mag die Abwechslung. Natürlich weiß ich, dass es ab Anfang Februar wieder täglich aufs Bike geht. Darauf freue ich mich schon jetzt.

JS: **Was sind zusammengefasst die aus deiner Sicht fünf wichtigsten Handlungsempfehlungen, die du uns für das Business-Leben mitgeben möchtest?**

Ich kann hier natürlich nur für mich sprechen. Ich möchte, dass wir in jeder Situation offen sind, reden und uns vertrauen können. Das ist aus meiner Sicht die Basis für jeden Erfolg im Team. Darüber hinaus habe ich folgende Empfehlungen, selbstverständlich unverbindlich.

Machen Sie Ihr Hobby zum Beruf. Wenn Sie etwas wirklich gerne machen, sind Sie automatisch gut darin.

Seien Sie sich bewusst, in welcher Rolle Sie gerade unterwegs sind. Als Guide habe ich eine andere Funktion und Verantwortung als wenn ich als Hobbyfahrer aufs Rennrad steige.

Sprechen Sie kritische Punkte direkt an, bevor sie zum Problem werden und schaffen Sie diese vom Tisch.

Seien Sie nah am Team dran. Fragen Sie nach, hören Sie zu und leben Sie es selbst aktiv vor.

Haben Sie Spaß dabei. Motivieren Sie Ihr Team und feiern Sie gemeinsam Erfolge.

© iStockphoto, Razvan

# 12 Die wichtigsten Handlungsempfehlungen aus der Perspektive des Managers

*Dieses Kapitel wurde von Felix Regehr verfasst, der die wichtigsten Handlungsempfehlungen aus seiner Perspektive als Manager und Führungskraft eines großen Konsumgüterkonzerns motivierend zusammenfasst. Im beruflichen Leben hat Felix Regehr in unterschiedlichen Positionen im Vertrieb und Marketing in zwei großen Firmen der Konsumgüterbranche gearbeitet und verantwortet derzeit als Leiter Field Force ein Team von knapp hundert Außendienstmitarbeitern in einem großen Kaffeeunternehmen. Privat ist er glücklicher Vater von zwei Töchtern und begeisterter Rennradfahrer.*

Wenn ich Rennrad fahre, fahre ich sehr häufig auf meiner Lieblingsstrecke in Bremen, im wunderschönen Blockland. Das Blockland ist ein Ortsteil am Rande Bremens, überwiegend durch flaches Marschland geprägt und bietet ein einmaliges ländliches Erscheinungsbild. Das ganze Gebiet ist nur durch eine einzige Straße auf dem Deich erschlossen, die ausschließlich von (Renn-) Radfahrern und Anliegern befahren werden darf. Diese Rennradstrecke bietet ein überragendes authentisches norddeutsches Panorama, so gut wie keine Steigungen, dafür aber fast immer viel Wind. Ich fahre diese Strecke gerne nach der Arbeit, aber auch am Wochenende, mal früh morgens, mal spät abends, alleine, zu zweit oder in der Gruppe und (fast) zu jeder Jahreszeit.

Wie die Autorin dieses Rad(t)gebers bin auch ich kein geborener Rennradfahrer. Über unterschiedlichste Ballsportarten, Leichtathletik und Skifahren bin ich irgendwann zum Laufen gekommen. Anfangs nur für mich, alleine, gegen den berüchtigten inneren Schweinehund und um in Bewegung zu bleiben. Später dann wurden die Distanzen größer und mein Anspruch an die Zeiten ambitionierter. Einige Halbmarathons und einen erfolgreich bewältigten Marathon später wuchs mein Interesse am Rennradsport. Fasziniert von Jan Ulrichs Tour-de-France-Sieg, begeistert von den Mythen, die sich um das Rennradfahren ranken, hingerissen von dem Speed und der Eleganz die diese Sportart vereint, kaufte ich mir endlich mein erstes Rennrad. Natürlich habe auch ich den obligatorischen Sturz an einer Ampel hingelegt, weil mich das Klick-System der Pedale vollkommen überfordert hat, und natürlich habe auch ich bei meiner ersten Rennradtour gnadenlos „überpaced" und bin völlig erschöpft und ausgelaugt wieder nach Hause gekommen. Aber auch bei mir waren diese Vorfälle der Faszination des Rennradfahrens in keiner Weise abträglich, sondern bestärkten mich vielmehr weiter darin, diese Sportart dauerhaft und ehrgeizig anzugehen und mich der Herausforderung zu stellen.

Das Besondere und einzigartige „Ganz-bei-mir-selbst-Gefühl" auf dem Rennrad ist eine hervorragende Basis, um den Kopf frei zu bekommen und dadurch neue Ideen zu generieren. Und tatsächlich habe auch ich, während ich meinen „Flow" auf dem Rennrad gefunden habe, schon viele Präsentationen im

Kopf erstellt, habe viele wichtige und kritische Gespräche vorbereitet oder sogar neue Organisationsformen entwickelt. Das Rennradfahren lässt mich abschalten und mich auch mein privates Umfeld, meine Frau und meine beiden Töchter, viel intensiver und bewusster wahrnehmen und genießen. Aber das Rennradfahren bietet meines Erachtens darüber hinaus noch deutlich mehr, nämlich essentielle „Learnings", die man direkt auf tägliche Geschäftssituationen übertragen kann und die einen tatsächlich zum erfolgreicheren Manager werden lassen können. Auf diese Parallelen zum beruflichen Alltag eines Managers möchte ich mit folgenden Handlungsempfehlungen näher eingehen.

Handlungsempfehlung **Vorausschauend handeln**:
Viele Rennradfahrer sprechen davon, dass die Rennen des Sommers bereits im Winter gewonnen werden. Nur wenn ich im Winter also bereits den Grundstein für die nächste Saison lege (in Bezug auf Regeneration, Training und Ernährung), kann ich im nächsten Sommer wirklich erfolgreich sein. Das Training der Grundlagenausdauer im Winter zum Beispiel bildet im Rennradsport das Fundament, auf dem im Saisonverlauf intensivere Trainingseinheiten aufgesetzt werden können. Letztendlich kann man sagen, was man sich im Winter nicht erarbeitet (oder sogar kaputt macht), holt man im Frühjahr garantiert nicht mehr auf. Vorausschauendes, planerisches Handeln ist somit ein essentieller Schritt in der Vorbereitung auf den Erfolg. Auch wenn dieses vorausschauende Handeln meines Erachtens sowohl vielen Rennradfahren als auch vielen Ma-

nager schwerfällt, gilt dieser Grundsatz ganz offensichtlich im Rennradsport als auch im Geschäftsleben.

> Frühzeitige und strategische Planung ist eine entscheidende Grundvoraussetzung für den dauerhaften sportlichen und unternehmerischen Erfolg.

Handlungsempfehlung **Die Stärke des Teams**:
Jeder Rennradfahrer, der schon mal alleine und aber auch im Team gefahren ist, weiß wovon ich rede. Der Unterschied zwischen einer Tour, die man alleine für sich oder aber in einer Gruppe bewältigt, ist fast so groß, als würde man eine andere Sportart betreiben. Fährt man alleine, erlebt man ganz gewiss den bereits zitierten Flow und „Ganz-bei-mir-selbst-Gefühl“. Das Gefühl in einer Gruppe zu fahren jedoch, mit perfekt abgestimmten Wechseln, mit hoher Geschwindigkeit und als eine geschlossene Einheit ist nahezu unbeschreiblich und zeigt ganz deutlich, was ein starkes Team mehr als der Einzelne schaffen kann. Das Rennradfahren in der Gruppe ist ein exzellentes Beispiel dafür, dass „das Ganze mehr ist als die Summe seiner Teile“. Jeder Fahrer trägt über die abwechselnde und individuelle Führungsarbeit seinen Teil dazu bei, dass am Ende der größtmögliche Erfolg heraus kommt. Und das ist natürlich auch eine Erkenntnis, die sich auf den geschäftlichen Alltag übertragen lässt.

Funktionierende Teams, in denen die Schwächen einzelner Mitglieder ausgeglichen und die jeweiligen Stärken verstärkt werden, sind das Herzstück erfolgreicher Unternehmen.

Handlungsempfehlung **Einander vertrauen:**
Wenn man in einer Gruppe Rennrad fährt, braucht man ein großes Vertrauen in seine Teamkameraden. Denn Windschattenfahren kann nur funktionieren, wenn man das Vertrauen in seine eigene Fähigkeit hat, aber natürlich auch in die Fähigkeit des Vordermannes. Nur dann ist man in der Lage, das Maximum an Geschwindigkeit aus sich und dem Team herausholen. Und dieses Vertrauen in den Vordermann und die Teamkameraden muss man sich erarbeiten. Gerade am Anfang ist es ungewohnt, weil man instinktiv Platz um sich herumhaben möchte, um im Notfall ausweichen zu können. Übt man aber das Windschattenfahren (und das Vertrauen in den Vordermann), kann man so bis zu 40% Kraft sparen.

Teams, die abgestimmt und vertrauensvoll miteinander arbeiten und diese Arbeitsweise üben und trainieren, agieren deutlich effizienter und damit erfolgreicher.

Handlungsempfehlung **Stürzen … und wieder aufstehen:**
Das Thema Stürze (zumindest an der Ampel) haben wir ja bereits zu Beginn dieses Kapitel kurz beleuchtet.

Stürze gehören leider wie Hungeräste, Muskelkater oder Gegenwind zum Rennradfahren dazu. Genauso wie es im Geschäftsleben Misserfolge, „negatives Wachstum" und Fehlentscheidungen gibt. Trotzdem muss man in beiden Bereichen mit all diesen Elementen klarkommen und damit umgehen lernen. Wenn man stürzt, ist es wichtig (auch im übertragenen Sinn), wieder aufzustehen und von der gemachten Erfahrung zu profitieren. Nur mit einer gewissen Risikobereitschaft können wir Fortschritte erzielen. Nur wenn wir bereit sind, einen Misserfolg in Kauf zu nehmen, probieren wir neue Dinge aus. Das Ziel sowohl beim Rennradfahren als auch im Geschäftsleben ist dann aber natürlich immer, einen bestimmten Fehler immer nur einmal zu machen.

> Fortschrittliche Organisationen schaffen Umgebungen, in denen Fehler erlaubt sind, und fordern diese sogar ein. Stets mit dem Ziel, aus dem Erlebten zu lernen und dadurch zukünftige Stürze zu minimieren bzw. dauerhaft komplett zu vermeiden.

Handlungsempfehlung **Nicht nur „Hobbys" pflegen**: Rennradfahrer müssen sich häufig dazu überwinden, sich einen Ausgleich zum Rennradtraining zu suchen. Dabei ist es extrem wichtig, sich Ausgleichssportarten zu suchen, die muskuläre und motorische Defizite des Rennradfahrens wettmachen und dabei neue Reize setzen. Oft sind das jedoch Sportarten, wie Krafttraining oder Stabilisationsübungen, die vielen Rennradfahrern keinen Spaß machen. Anstatt also zum Beispiel die Rumpfmuskulatur durch gezielte Übungen zuhause auf der Matte zu trainieren und zu stärken, wird sich aufs Rad geschwungen und eine weitere Runde gedreht. Das macht vielleicht Spaß, ist aber nicht sonderlich effektiv. Deutlich sinnvoller ist es, auch die (wichtigen) Dinge anzugehen, die vielleicht manchmal schwerfallen, die sogar wehtun oder einfach keinen Spaß machen. Auch hier wiederum gibt es große Parallelen zum Geschäftsleben. Viele Mitarbeiter und auch Manager pflegen sogenannte „Hobbys", machen also lieber die Dinge, die ihnen leicht von der Hand gehen oder durch die man sich publikumswirksam profilieren kann. Durch diesen übertriebenen Fokus auf liebgewonnene „Hobbys" werden häufig die wirklich wichtigen Themen vernachlässigt.

Erfolgreiche Manager gehen auch die Themen an, mit denen sie auf den ersten Blick „keinen Blumentopf gewinnen" können, die auf der anderen Seite aber von entscheidender Bedeutung sind, um sich wirklich weiterzuentwickeln und voran zu kommen.

Handlungsempfehlung **Entscheidungen treffen**:
Gute Manager treffen Entscheidungen. Gerne, konsequent und nachhaltig. Sehr gute Manager treffen dazu noch deutlich mehr richtige als falsche Entscheidungen. Und exzellente Manager schaffen es obendrein

auch noch, diese Entscheidungen schnell und zumindest teilweise ohne große Analyse zu treffen. Auch im Rennradsport ist diese Fähigkeit gefordert. Sein Rennrad nämlich jederzeit im Griff zu haben beinhaltet auch, in Notfallsituation schnell die richtige Entscheidung zu treffen und zum Beispiel schnell (und richtig) zu bremsen. In solchen Fällen bleibt natürlich keine Zeit, mehrere Optionen gegeneinander aufzuwiegen und alternative Szenarien zu entwickeln. Man muss sofort reagieren und eine Entscheidung treffen. Man kann sich allerdings auf solche Entscheidungen vorbereiten, man kann seine Fahrweise dem eigenen Können anpassen, man kann sich intensiv mit seinem Rad auseinandersetzen und richtiges Bremsen üben, man kann aber vor allem auch vorausschauend fahren.

> Exzellente Manager bereiten sich auf Situationen vor, in denen sie spontan und ohne große Faktenlage entscheiden müssen. Wer gut vorbereitet ist und sich sicher fühlt, wird in der Lage ad hoc und intuitiv die richtige Entscheidung treffen.

Handlungsempfehlung **„Durchbeißen“:**
Zu guter Letzt möchte ich auf einen Gedanken eingehen, den wohl auch jeder Rennradfahrer kennt: „Shut up legs!“ Wenn man also gefühlt am Ende seiner Kräfte ist und sich die Beine „lautstark“ zu Wort melden, das Ziel der Tour oder des Rennes aber bereits in sprichwörtlicher Sichtweite ist, dann gilt nur noch die Ma-

xime: „Shut up legs" oder ganz frei übersetzet: „Augen zu und durch!" In solchen Situationen muss man manchmal alle mahnenden Worte und schmerzhaften Hinweise (in diesem Fall die der eigenen Beine) komplett ignorieren und einfach nur noch Vollgas geben. Und auch diese Konstellation findet man im Berufsleben, wenn man kurz vor dem Ende eines Projektes steht, wenn man alle Argumente x-fach ausgetauscht hat, wenn sich alle Bedenkenträger zu Wort gemeldet haben und wenn die Deadline immer näher rückt. Dann zählen irgendwann keine Fakten mehr, dann muss man sich manchmal einfach nur noch durchbeißen bzw. eine Sache konsequent zu Ende bringen.

„Shut up legs!" gilt auch für Manager, indem Projekte konsequent mit voller Energie bis zuletzt abgeschlossen werden.

# 13 Die wichtigsten Handlungsempfehlungen aus der Perspektive des Business-Trainers

*Michael von Seggern stellt in diesem Kapitel die wichtigsten Handlungsempfehlungen aus der Perspektive des vertrieblichen Business-Trainers dar. Als leidenschaftlicher Rennradfahrer radelt Michael von Seggern jeden Tag zum Headquarter in Bremen, wo er nach einer umfassenden Vertriebskarriere derzeit den Bereich Sales Development und Training in einem der weltweit größten Lebensmittelunternehmen verantwortet.*

Inzwischen ist November. Eine anstrengende Arbeitswoche liegt hinter mir, es ist kalt und regnerisch. Die Welt scheint in ihrer kompletten Ausprägung einfach nur grau zu sein. Nicht gerade die optimalen Bedingungen, um sich aufs Fahrrad zu schwingen. Schon gar nicht auf ein Rennrad. Wissen Sie, wie es mir gerade geht?

Richtig gut, weil ich inzwischen auf mein Rennrad gestiegen bin. Jetzt weiß ich, dass mindestens drei Stunden Ich-Zeit vor mir liegen. Nur für mich. Ganz bei mir selbst. Das Rennradfahren ist irgendwann zu meiner großen Leidenschaft geworden. Ich habe noch nie zuvor so intensiv darüber nachgedacht, was das Rennradfahren wirklich für mich bedeutet. Bei der Recherche für dieses Kapitel ist mir das erste Mal so richtig bewusst geworden, wie prägend das Rennradfahren für meinen beruflichen Alltag ist.

Warum fahre ich Rennrad? Es ist ein Ausgleich zum Job und irgendwie sollte man ja auch Sport treiben. Aber warum nicht ein anderer Sport? Was fasziniert mich gerade am Rennradfahren? Es ist zeitintensiv, beim Regen macht es keinen Spaß. Hier in Bremen gibt es ja nicht mal Berge, dafür andauernd Gegenwind. Manchmal ist es verdammt gefährlich, und ständig gibt es einen Platten.

Vor allem aber macht das Rennradfahren wahnsinnig Spaß, es ist inspirierend und zutiefst befriedigend, sich in den Rennrad-Flow zu begeben. Ich liebe es, aus eigener Kraft Speed zu erzeugen, gleichmäßig durch die Landschaft zu rauschen und Neues zu entdecken. Es ist ein unglaublicher Kick, Berge zu erklimmen und dann für die harte Arbeit mit einer wunderschönen Aussicht belohnt zu werden.

Um diese fantastischen Erfahrungen machen zu dürfen, muss ich etwas dafür tun. Nüchtern analysiert heißt das: Ich muss ein bestimmtes Anforderungsprofil erfüllen. Je besser ich dieses Anforderungsprofil erfülle, je mehr Kompetenzen ich aufbaue, desto besser werde ich und desto mehr Spaß habe ich. Genau diese Erfahrungen können wir eins zu eins auf das Business-Leben übertragen. Auch hier haben wir Anforderungsprofile und Kompetenzausprägungen, denen wir gegenüberstehen. Bei näherer Betrachtung ergeben sich verblüffend viele Parallelen. Viele der Kompetenzen, die ich beim Rennradfahren benötige und mit großem Enthusiasmus weiterentwickle, kann ich ebenso im beruflichen Alltag wiederfinden und nutzen. Das betrifft die persönliche Weiterentwicklung genauso wie die Führung von Teams.

Es lohnt sich, diese wertvollen Erfahrungen vom Rennradfahren auf den beruflichen Alltag zu transferieren und die Handlungsempfehlungen gezielt einzusetzen, um die Personalentwicklung zu verbessern. Das bedeutet, Motivationen zu nutzen, Stärken zielgerichtet weiter zu entwickeln und daraus Know-how für die passgenaue Teamentwicklung zu schöpfen. Am Beispiel der folgenden drei Kompetenzbereiche möchte ich Ihnen verdeutlichen, wie das aussehen kann.

Handlungsempfehlung **Teamentwicklung:**
Neben der Möglichkeit, diesen Sport völlig unabhängig auszuüben, vereint das Rennradfahren alle Teamkonstellationen vom Zwei-Personen-Team bis zum vielköpfigen Team. Hier kommen die unterschiedlichsten Typen und Charaktere mit den unterschiedlichsten Motivationen und Stärken zusammen. Vom Mitläufer zum Anführer über den kontaktfreudigen Netzwerker zum Einzelgänger, vom kämpferischen Durchsetzer zum dauerentspannten Harmoniesüchtigen.

Und wie sieht es mit dem Verhalten und der Stimmung im Team aus?

Meine persönlichen Erfahrungen und Beobachtungen zeigen, dass kritische Situationen beim Rennradfahren in der Regel aus dem Team gelöst werden und das Zusammengehörigkeitsgefühl dadurch enorm gestärkt wird. Der Fortgeschrittene passt auf, dass der Anfänger dabeibleibt. Bei einer Reifenpanne übernimmt der Technikaffine, bei unzureichender Verpflegung wird gegenseitig ausgeholfen. Am Berg wird das schwächere Teammitglied mit nach oben gezogen, es wird aufeinander gewartet. Abends werden die Erfolge des Tages gefeiert und die Momente genossen. Im Großen, weil heute einer der höchsten Berge gemeinsam erklommen wurde, sowie im Kleinen, weil man bei der Abfahrt die persönliche Technik verbessert hat. Es ist auch die offene Anerkennung der anderen und der eigene Stolz, es geschafft zu haben, die den Teamzusammenhalt wachsen lassen.

Warum funktioniert dieses Selbstverständnis nicht immer in der Business-Welt? Klar, beim Rennradfahren sind wir im Freizeitmodus, im Berufsalltag sind wir unter Dauerstress. Der Hauptgrund liegt aus meiner Sicht jedoch in der Motivation. Dass wir in den Dingen, die uns motivieren, besonders gut sind, überrascht Sie sicherlich nicht. Zumeist sind es unsere Stärken, die unserem ureigenen Kompetenzprofil entsprechen. Es ist viel einfacher zu motivieren, wenn wir die Stärken in unserem Team stärken, anstelle uns auf die Schwächen zu konzentrieren.

Machen Sie sich klar, was Sie und Ihre Teammitglieder motiviert und wo die jeweiligen Stärken liegen.

Stärken Sie diese Stärken aktiv.

Setzen Sie Ihre Teammitglieder entsprechend ihrer Kompetenzen ein.

Geben Sie Ihrem Team kontinuierlich Feedback und fordern Sie dieses auch für sich selbst ein.

Erkennen Sie die Leistungen an. Feiern Sie die großen und kleinen Erfolge gemeinsam im Team.

Handlungsempfehlung **Standing Alone – selbst die Verantwortung übernehmen**:
Beim Rennradfahren geht es um den selbsterzeugten Speed. Egal, ob wir alleine oder im Team fahren, jeder trägt die Verantwortung für sich selbst. Darüber hinaus ist unabdingbar, dass wir in jeder Situation wachsam und handlungsfähig bleiben. Immer wieder treffen wir auf Herausforderungen und ungeplante Ereignisse, die wir alleine meistern müssen: In einer unbekannten Gegend habe ich die Orientierung verloren, der norddeutsche (Gegen-)Küstenwind hat unerwartet Windstärke fünf oder ich habe eine plötzliche Reifenpanne.

Wie reagiere ich beim Rennradfahren? Ich stelle mich der Herausforderung und handle lösungsorientiert. Die Basis dafür ist unser Mind Set sowie die fachliche Ausbildung mit den Parametern Training, Coaching und Erfahrung. Bei allen Performance-Unterschieden zwischen den Rennradfahrern sind sowohl die persönlichen als auch die fachlichen Kompetenzen so ausgeprägt, dass wir uns den herausfordernden Situationen wie selbstverständlich stellen und diese ad hoc lösen.

Herausfordernde und schwierige Situationen kennen wir auch im Berufsalltag. Hier erlebe ich jedoch viel häufiger Situationen, in denen nicht angemessen und nicht lösungsorientiert reagiert wird. Es werden Bedenken geäußert, „Aber ...", Themen abgeschoben und oftmals sind die notwendigen fachlichen Kompetenzen nicht ausgebildet, um in diesen Situationen lösungsorientiert zu agieren.

Lassen Sie uns als Führungskräfte den Hebel umlegen und die intuitiv richtig Vorgehensweise, die wir vom Rennradfahren kennen, auf das Business-Leben übertragen. Unsere Aufgabe ist es, unseren Teams das fachliche Know-how sowie das richtige Mind Set zu vermitteln, damit sie Verantwortung übernehmen und sich herausfordernden Situationen selbstständig stellen können. Sorgen wir für eine stetige Ausbildung und Weiterentwicklung, betrauen wir unsere Mitarbeiter mit Aufgaben, die ihren Kompetenzprofilen entsprechen und geben wir ihnen Anerkennung und Feedback.

Der Entwicklungsfortschritt ist aus eigener Erfahrung großartig, die Beteiligten sind zufriedener und erfolgreicher. Auf dieser Grundlage macht es sogar Spaß mit unerwarteten Herausforderungen konfrontiert zu werden und diese Situationen aktiv zu lösen. Das Selbstvertrauen wächst, die Performance steigt und es wird selbst Verantwortung übernommen.

Vermitteln Sie Ihrem Team das notwendige Know-how, damit es unerwartete Situationen selbstständig lösen kann.

Seien Sie „role model" und übernehmen Sie die Verantwortung.

Bleiben Sie auch in schwierigen Situationen gelassen, ruhig und zuversichtlich.

Geben Sie Ihren Mitarbeitern Freiraum und einen eigenen Entscheidungsspielraum.

Sorgen Sie für das richtige Mind Set im Unternehmen.

Handlungsempfehlung **Planung und Vorbereitung als Basis des Erfolgs**:
Ich erinnere mich noch einen meiner Rennrad-Tage im Juli dieses Jahres. Zweiundzwanzig Grad, Sonnenschein, nahezu windstill. Perfekte Bedingungen für eine lange Tour auf dem Rennrad. Ich schwinge mich sofort auf mein Rad und genieße meinen Rennrad-

Flow. Plötzlich schlägt das Wetter um. Es fängt an zu regnen, die Temperatur stürzt auf 15 Grad. Der große Spaß ist vorbei, ich fange an zu frieren und möchte so schnell wie möglich nach Hause. Ein Tag, der so fantastisch begann, geht frustrierend zu Ende. Und ich ärgere mich, nicht über den Wetterumschwung, sondern über mich. Darüber, dass ich mich nicht vorbereite habe. Ich hatte weder eine Regenjacke dabei noch habe ich mir die Wettervorhersage angeschaut. Es ist ja auch bequemer und angenehmer, sich nicht vorzubereiten, sondern einfach loszustürzen.

In Business-Situationen wird eine unzureichende Vorbereitung häufig kaschiert. Zu Meetings gehen wir unvorbereitet, das konkrete Ziel ist nicht bekannt, wir improvisieren, verschieben Entscheidungen. Das tut erst einmal nicht weh, weil die Auswirkungen nur selten unmittelbar zu spüren sind. Tatsächlich verschenken wir jedoch jede Menge Ressourcen und demotivieren uns, wenn wir mit unseren Projekten nur schleppend vorankommen. In Team-Situationen unterbleibt die Vorbereitung häufig komplett, weil sich jeder auf den anderen verlässt und im Vorfeld keine klaren Ziele mit Verantwortlichkeiten definiert werden.

Dabei gehört zur Planung und Vorbereitung auch, dass wir uns Ziele setzen. Auf einer Rennradtour könnte dies zum Beispiel eine bestimmte Zeit, die Anzahl an Kilometern, die Steigerung der Höhenmeter oder eine konkrete Verbesserung der eigenen Taktik sein. Dabei sollten die Ziele stets „smart“ definiert sein, um diese spezifisch, messbar, attraktiv und realistisch als Gradmesser für den Erfolg zu terminieren. Es ist motivierend und sehr befriedigend, die selbst gesteckten Ziele zu erreichen. Ziele sind wichtig, um die richtigen Hebel des Erfolges zu erkennen und die Potenzialfelder zur Weiterentwicklung aufzudecken.

Die passgenaue Planung und Vorbereitung sind aus meiner Erfahrung essentiell für die erfolgreiche Zielerreichung unserer Projekte. Sie sind ist das Fundament für die persönliche Sicherheit und unser Selbstvertrauen und schaffen den notwendigen Freiraum für Gelassenheit. Beim Rennradfahren sowie auch im Business.

Setzen Sie sich „smarte" Ziele.

Reflektieren Sie Ihre Zielerreichung. Was läuft gut, welche Erfolgsfaktoren werden Sie auch weiterhin nutzen? Was werden Sie beim nächsten Mal anders machen?

Antizipieren und beseitigen Sie Hindernisse bereits im Vorfeld.

Sorgen Sie im Team für eine klare Aufgabenverteilung entsprechend der Zieldefinition.

Werden Sie nicht pedantisch, sondern bewahren Sie Ihre Flexibilität.

Heute ist wieder ein typischer Novembertag. Ich schaue aus dem Fenster, es regnet. Wissen Sie, wie es mir gerade geht? Richtig gut. Ich habe heute einen Trainingsworkshop im Key Account Management durchgeführt. Zur Einstimmung habe ich mich gedanklich aufs Rennrad gesetzt. Ich befand mich den ganzen Tag über komplett im Flow. Ich war gut vorbereitet, das Team hat bestens zusammengearbeitet, kritische Fragen habe ich souverän beantwortet und das wertschätzende Feedback der Teilnehmer hat meinen Tag perfekt gemacht.

Heute Abend werde ich noch eine kleine Runde Rennradfahren. Als Belohnung und aus Leidenschaft.

# 14 Epilog: Was wirklich zählt

Sind Sie angekommen? Was wirklich zählt ist, dass wir bei allem Speed, den wir für unser Leben aufnehmen, unserem eigenen Kern treu bleiben. Dass wir nicht zum Reaktionsautomaten werden, in dem wir in den monotonen Stand-by-Modus „einfach nur treten" verfallen und mit gesenktem Kopf jeden Tag die gleiche Straße entlangfahren. Ziel ist es, dass wir uns und unsere Bedürfnisse spüren und das, was um uns herum passiert, aktiv nach den eigenen Bedürfnissen beeinflussen.

Ich begleite viele Menschen in verantwortlichen Positionen, die stets den hohen Anspruch an sich haben, eine perfekte Performance in allen Lebensbereichen abzuliefern und sich dabei jeden Tag bis ins Äußerste challengen, um immer noch mehr aus sich heraus zu holen. Die sich aufgrund ihres eigenen Ehrgeizes täglich selbst dominieren und in ein enges Raster zwingen. Die es aufgrund ihrer unglaublichen Willensstärke immer wieder selbst schaffen, ihre eigenen Gefühle und das innere Aufbäumen zu unterdrücken.

Dies geht so lange, bis es nicht mehr geht. Bis Sie irgendwann feststellen, dass Sie die Verbindung zu Ihrem eigentlichen Kern verloren haben. Eine wichtige Frage ist häufig unerfüllt: Was machen Sie wirklich am Liebsten? Was erfüllt Sie von Herzen? Was gelingt Ihnen leicht und anstrengungsfrei?

Machen Sie einen Cut, wenn Sie merken, dass es in die falsche, dass es nicht in Ihre Richtung geht. Sprechen Sie laut aus, wenn etwas nicht Ihrer Grundüberzeugung entspricht. Hören Sie in sich hinein, was Sie wirklich umsetzen wollen. Reflektieren Sie dabei, ob es die eigenen Träume oder nur der Erwartungsdruck des Umfelds sind. Challengen Sie sich selbst. In positiver Art und Weise. Fragen Sie sich jeden Tag erneut bezüglich Ihrer Standortbestimmung, wie es Ihnen wirklich geht. Sind Sie auf Ihrer Lebensroute Ihrem ureigenen Kern entsprechend richtig unterwegs?

Schaffen Sie Momente, in denen Sie sich voll und ganz auf diese Fragen konzentrieren können. Das Rennradfahren ist dazu eine wunderbare Möglichkeit. Ich kenne eine Menge Leute, die in den vergangenen Jahren aufs Rad auf- und eigentlich nie wieder abgestiegen sind. Weil das Rennradfahren uns stets wieder auf uns selbst, den ureigenen Kern besinnt. Es geht um das „Ganz-bei-Sich-Selbst-Gefühl", das uns wieder an unseren eigenen Kern andockt. Wenn dies um eine vertrauensvolle Teamerfahrung erweitert wird, können wir nur gewinnen. Damit wir aus dieser Basis wieder gestärkt die uns gemäße Geschwindigkeit für unser Leben aufnehmen können.

Dieses Buch ist ein wunderbarer Begleiter auf diesem Weg. Damit Sie nicht nur auf dem Rennrad, sondern auch im Business ganz bei sich selbst sind. Ich werde diesen Rad(t)geber meinen Kunden ans Herz legen. Als täglichen Anker, im eigenen Flow zu bleiben. Be unstoppable.

Kreative Grüße, Ihr Dr. med. Jörg-Peter Schröder

## Danksagung

Ich danke insbesondere meinen engen Freunden und meiner Familie. Ihr seid mir Halt und Inspiration. Danke, dass ihr mich stets auf meinem Weg unterstützt, den Blick nach vorne zu richten und aktiv die Zukunft zu gestalten.

Daran anknüpfend gilt es ganz klar zu sagen „Pessimisten küsst man nicht". Danke, Michael, für den Flow und den positiven Spirit, an dem du uns mit deinem Kapitel teilhaben lässt.

Be unstoppable. Danke, Herr Dr. Schröder, dass Sie mir Klarheit gegeben haben, was wirklich zählt und mich inspiriert haben, diese Gedanken für das Business nutzbar zu machen.

Danke, Felix, dass du deine Führungsideen mit uns teilst. Für mich bist du nicht nur Rennradenthusiast und erfolgreicher Manager, sondern auch Vorbild. Dein Vertrauen, deine Klarheit und dein Rückhalt haben uns stets zu Höchstleistung motiviert und werden viele Leser inspirieren, dem Gleich zu tun.

Durch dich habe ich gelernt, was Schmerzen sind! Danke, lieber Thommy, dass du mich im Trainingslager motiviert hast, meine eigenen Grenzen zu überschreiten und mich in den absoluten Rennrad-Flow versetzt hast. Ich freue mich schon auf unser erstes gemeinsames Führungskräfte-Trainingscamp auf Mallorca.

Ein besonderes Dankeschön gilt den Menschen, die ungeplant in mein Leben getreten sind und mir neue Kraft gegeben haben. Ihr habt mir gezeigt, wie wichtig es ist, loszulassen und sich voll und ganz auf das Leben einzulassen. Ohne euch würde es dieses Buch nicht geben.

Abschließend bedanke ich mich bei allen Lesern und Leserinnern, die mich an ihrem Feedback teilhaben lassen. Ich freue mich auf Ihre ganz persönlichen Rennrad- und Business-Erfahrungen gerne per Email an rennradflow@gmail.com.